U0725308

大模型

概念、技术与应用实践

林子雨◎编著

人民邮电出版社

北京

图书在版编目(CIP)数据

大模型概念、技术与应用实践 / 林子雨编著.
北京 : 人民邮电出版社, 2025. -- ISBN 978-7-115
-67599-6

Ⅰ. TP18

中国国家版本馆 CIP 数据核字第 2025Q8B713 号

内 容 提 要

大模型是人工智能的前沿技术。本书详细阐述了以 DeepSeek 为代表的大模型相关知识,旨在帮助读者认识大模型、了解大模型、熟练使用大模型,从而利用大模型提升学习和工作的效率。

本书共 13 章,内容包括人工智能、大模型——人工智能的前沿、DeepSeek 大模型的应用场景、大模型工具、本地部署大模型、智能体、AIGC 的概念与应用、文本类 AIGC 应用实践、图片类 AIGC 应用实践、语音类 AIGC 应用实践、视频类 AIGC 应用实践、AI 搜索和 AI 办公。本书以"零代码"学习人工智能为原则,使用 AIGC 工具解决读者学习、工作、生活中的各种问题。书中有大量生动、有趣、实用的实战案例,可以让读者切身感受人工智能的强大功能,培养读者使用大模型工具解决实际问题的能力。

本书作为科普读物,目标受众包括但不限于政府工作人员、企业员工、高校师生、中小学教师等;也可作为学校开设人工智能通识、大模型相关课程的配套教材。读者不需要具备任何计算机专业知识,只需要对人工智能怀有探索之心。

◆ 编　著　林子雨
　　责任编辑　孙　澍
　　责任印制　马振武

◆ 人民邮电出版社出版发行　　北京市丰台区成寿寺路 11 号
　　邮编　100164　电子邮件　315@ptpress.com.cn
　　网址　https://www.ptpress.com.cn
　　三河市中晟雅豪印务有限公司印刷

◆ 开本:700×1000　1/16
　　印张:12.25　　　　　　　　　　　2025 年 8 月第 1 版
　　字数:210 千字　　　　　　　　　2025 年 8 月河北第 1 次印刷

定价:49.80 元

读者服务热线:**(010)81055256** 印装质量热线:**(010)81055316**
反盗版热线:**(010)81055315**

前　言

2025 年春节期间，DeepSeek 新版本的发布震撼全球，标志着大模型进入"全民普惠"时代，开始深刻影响我们工作和生活的方方面面。每个人都有必要学习、了解和使用大模型。

为了满足社会各界对大模型的强烈学习需求，笔者带领的厦门大学大数据教学团队放弃了 2025 年春节休假，在 2 月迅速整理、编写并向全网发布了 4 份 DeepSeek 大模型科普报告。此前，团队已经编写了《数字素养通识教程》和《人工智能通识教程》两本书，具有良好的大模型方面的积累，所以，我们高效地完成了这 4 份面向社会的大模型科普报告。通过这 4 份报告，我们深入浅出地讲解了大模型的概念、技术与应用实践，深度剖析了 DeepSeek 大模型如何赋能教学与科研，为学术创新注入新动力；分享了大模型技术如何赋能企业的应用实践，助力企业在数字化浪潮中抢占先机；探讨了 DeepSeek 大模型如何赋能政府数字化转型，提升政务服务效能。无论社会大众、高校师生，还是企业员工、政府工作人员，都能在这一系列报告中找到适合自己的内容。报告一经发布，在国内被广泛传播，全网浏览量很快超过了 1000 万人次。

团队的大模型科普报告和讲座在国内广泛传播并受到高度评价的同时，也有很多网友发来信息，希望我们团队能够对报告内容进行扩充，出版一本关于大模型的图书。因此，笔者从 3 月开始，放弃了所有休息时间，充分利用各种空余时间，加班加点撰写本书。终于，在五一假期结束的时候，完成了书稿，提交给了出版社。

本书共 13 章。第 1 章介绍人工智能的概念、发展历程和影响，以及人工智能思维。第 2 章介绍大模型的概念和代表性产品，大模型的基本原理、分类、应用领域，以及大模型对人们工作和生活的影响。第 3 章介绍 DeepSeek 大模型的应用场景，包括在企业、政府和高校中的各种应用。第 4 章介绍国内外的大模型产品、中美两国在大模型领域的竞争以及大模型工具的"幻觉"问题。第 5 章介绍我们为什么需要本地部署大模型、本地部署大模型的成本、DeepSeek 大模型一体机、如何在本地部署 DeepSeek-R1 大模型、模型微调和本地知识库。第 6 章介绍智能体概述、智能体的关键特征、分级、分类、组成和核心技术，以及基于大模型的智能体（包含一个智能体搭建实战案例）。第 7 章介绍什么是 AIGC、AIGC 与大模型的关系、

AIGC 的发展历程、常见的 AIGC 应用场景、AIGC 技术对行业发展和职业发展的影响、常见的 AIGC 大模型工具、AIGC 大模型的提示词和 AIGC 大模型的组合使用方法。第 8 章介绍文本类 AIGC 的应用场景、文本类 AIGC 工具的基础知识和 4 个实战案例，包括与 DeepSeek 进行对话、与文心一言进行对话、使用讯飞智文生成 PPT、使用 DeepSeek 和 Kimi 组合制作 PPT。第 9 章介绍图片类 AIGC 的应用场景和 7 个实战案例，包括创意图片生成、AI 修图与老照片修复、图片扩展与高清化、智能抠图与图片融合、涂抹消除与局部重绘、AI 绘画艺术创作、真实照片转成二次元风格等。第 10 章介绍语音类 AIGC 应用场景和 3 个实战案例，包括豆包大模型的语音类功能用法、使用腾讯智影进行文本配音、使用米可智能进行语音克隆等。第 11 章介绍视频类 AIGC 应用场景和 2 个实战案例，包括使用可灵 AI 实现文生视频、使用即梦 AI 实现图生视频等。第 12 章介绍 AI 搜索及其代表性产品——纳米 AI 搜索。第 13 章通过具体实例来演示 WPS AI 的使用方法，包括利用 AI 生成与优化文档、利用主题词模板生成 AI 文档、AI 在文档排版上的应用实践、AI 在电子表格中的应用实践。

作者团队创建了高校大数据公共课程服务平台，用于发布图书信息、配套教学资源等，本书在该平台的访问网址为 https://dblab.xmu.edu.cn/post/deepseek-book/，读者可下载本书中所用到的所有文字、图片、音频和视频素材文件，以及与本书配套的讲座视频和 PPT。

在本书的编写过程中，团队成员（夏小云、苏淑文、张琦、郑宇辉等）做了大量辅助性工作，笔者在这里表示衷心的感谢。

希望本书对读者全面认识、了解大模型能有所帮助，也希望读者能够利用本书介绍的各种大模型工具的使用方法，有效提高自己的学习和工作效率。最后，让我们一起拥抱精彩纷呈的大模型时代！

林子雨

厦门大学数据库实验室

2025 年 5 月

目 录

第 7 章
AIGC 的概念与应用 91

第 8 章
文本类 AIGC 应用实践 100

第 9 章
图片类 AIGC 应用实践 123

第1章
人工智能

近年来，人类社会的科技发展非常迅速，由原先的信息时代迅速进入了智能时代，人工智能技术成为时代主题。人工智能（Artificial Intelligence，AI）自20世纪50年代被明确提出以来，发展日趋迅猛。2016年3月，人工智能系统AlphaGo以4比1的总比分战胜人类围棋世界冠军，引起世人对人工智能的瞩目。2023年，以ChatGPT为代表的"大模型"火遍全球，再度刷新了人们对人工智能的认知，大模型技术迅速成为人工智能的前沿技术。2025年春节期间，DeepSeek新版本的发布震撼全球，使大模型进入"全民普惠"时代。今天，人工智能技术已经彻底融入我们的生活，无论是吃饭、睡觉，还是使用计算机、手机，背后都有人工智能在运转，搜索引擎也会根据我们的喜好进行智能推荐，人类与人工智能似乎已经无法分离。

本章首先介绍人工智能的概念，然后介绍人工智能的发展历程和影响，最后介绍人工智能思维。

1.1 什么是人工智能

本节主要介绍人工智能的概念、人工智能的要素和人工智能的类型。

1.1.1 人工智能的概念

人工智能目前还没有统一的定义。约翰·麦卡锡认为，人工智能就是要让机器的行为看起来像是人所表现的智能行为。尼尔逊（Nilsson）认为，人工智能研究的是人造物的智能行为，包括知觉、推理、学习、交流和在复杂环境中的行为。巴尔（Barr）和费根鲍姆（Feigenbaum）认为，人工智能属于计算机科学的一个分支，旨在设计智能的计算机系统，也就是说，设计的系统应对照人类在自然语言理解、学习、问题推理求解等方面的智能行为，呈现出与之类似的特征。

本书认为，人工智能是研究、开发用于模拟、延伸和扩展人的智能的理论、方法、技术及应用系统的一门新的科学技术。人工智能知识体系涉及多个学科，包括数学、逻辑学、归纳学、统计学、系统学、控制学、计算机科学等。

▶▶▶ 1.1.2　人工智能的要素

人工智能的四个要素是数据、算力、算法和场景。人工智能的智能都蕴含在数据中，数据量越大，智能程度越高；算力为人工智能提供了基本的计算能力的支撑；算法是实现人工智能的根本途径，是挖掘数据智能的有效方法；大数据、算力、算法作为输入，只有在实际的场景中进行输出，才能体现出人工智能的价值。

1. 数据

数据是人工智能的基础，因为机器学习算法需要用大量的数据进行训练和优化。数据的质量、数量和多样性，对人工智能的性能和准确性至关重要。为了获得更好的结果，开发者需要收集和整合各种来源的数据，并进行预处理和清洗，以确保数据的准确性和一致性。

2. 算力

算力是指计算机的处理能力，包括中央处理器（Central Processing Unit，CPU）、图形处理器（Graphics Processing Unit，GPU）、张量处理器（Tensor Processing Unit，TPU）等硬件设备。人工智能需要使用大量的计算资源来处理和分析数据，因此，算力是人工智能的要素之一。随着技术的不断发展，计算机的算力不断提高，为人工智能的发展提供了更好的支持。

3. 算法

算法是人工智能的核心，它是告知计算机如何处理和分析数据的指令。不同的算法适用于不同的任务和数据类型，因此，开发者需要根据具体的应用场景选择合适的算法。同时，算法也需要不断优化和改进，以提高人工智能的性能和准确性。

4. 场景

场景是指人工智能应用的具体环境。不同场景下的人工智能应用需要不同的技术和解决方案。例如，在医疗领域，人工智能可以用于疾病诊断和治疗方案的制定；在交通领域，人工智能可以用于交通管理和优化；在教育领域，人工智能可以用于教学辅助和学生评估等。因此，场景的选择和使用对于人工智能的发展和应用至关重要。

▶▶▶ 1.1.3 人工智能的类型

1. 强人工智能与弱人工智能

强人工智能是指能够完全取代人类工作的人工智能，它具有自我思考和学习能力，能够模仿人类的决策和行为。强人工智能的目标是创造能够像人类一样思考和感知的智能机器。与弱人工智能不同，强人工智能具有学习能力、适应性、创造性和自主性等，能够处理复杂的问题，并提供创新的解决方案。它使用一系列算法和技术，如机器学习、深度学习、自然语言处理、计算机视觉等，来模拟人类的思维和行为。

弱人工智能不能真正地通过推理解决复杂问题，具备弱人工智能的机器看起来像是智能的，但并不具备真正的智能和自主意识。弱人工智能有许多应用，包括问题求解、逻辑推理与定理证明、自然语言理解、专家系统、机器学习、人工神经网络、机器人学、模式识别、机器视觉等。在图像识别领域，弱人工智能的应用包括基于深度学习的人脸识别、物体识别、行为识别等。在治安、交通等领域，弱人工智能也有广泛的用途，能够有效提高安全防范水平、打击犯罪和恐怖行为、惩治交通违法行为、提升交通安全水平等。"深度学习＋数据"模式在文学创作、司法审判、新闻编辑、音乐和美术创作等方面也有惊人的表现，能够极大地提升工作效率和质量，降低人类的工作强度，激发人类的创作灵感。比如，ChatGPT、文心一言、DeepSeek 等大模型产品都属于弱人工智能。

2. 通用人工智能和超级人工智能

在人工智能领域，AGI 和 ASI 是两个重要的概念，分别代表了人工智能发展的不同阶段和能力水平。

通用人工智能（Artificial General Intelligence，AGI），是一种能够执行与人类相当或超越人类的广泛认知任务的人工智能系统。与专注于特定任务的窄人工智能（Narrow AI，也被称为"弱人工智能"）不同，AGI 的目标是具备广泛的认知能力，能够在多种不同的任务和环境中表现出高度的灵活性和适应性。AGI 被认为是强人工智能的一种形式，旨在实现类人智能和自学能力，使机器能够执行训练或开发目的之外的任务。简而言之，AGI 是人工智能目前阶段追求的目标，即创造出一台能在各种领域思考和学习的机器，让它像人类一样聪明。

超级人工智能（Artificial Super Intelligence，ASI），是人工智能的巅峰。它指的是一种智力水平远超人类的机器智能，具备前所未有的自主学习、创新能力和问题解决能力。ASI 不仅拥有比人类更强大的计算能力、学习能力，还能在创造力、情感理解等方面超越人类。这一概念最早在人工智能技术的发展过程中被提出，旨在探索并实现机器智能的终极形态。ASI 的实现将意味着机器在各个方面都大大超过人类，包括推理、创新、情感理解等，甚至可能具备意识，并在与人类的互动中发挥巨大影响。

3. 不同人工智能类型之间的关系

弱人工智能是实现通用人工智能和超级人工智能的基础。通过设计和训练弱人工智能系统，开发者可以逐步提高其性能和能力，最终实现更高级别的智能。强人工智能包括通用人工智能和超级人工智能两个阶段。通用人工智能是弱人工智能向超级人工智能过渡的中间阶段，它具备了更广泛的智能，但仍未达到超越人类智能的水平。超级人工智能则是通用人工智能发展的一个可能结果，代表了人工智能技术的最高水平，是人工智能发展的终极形态。

1.2 人工智能的发展历程

人工智能自 1956 年诞生以来发展过程颇为坎坷，目前正处于增长爆发期。

▶▶▶ 1.2.1 图灵测试

1950 年，"计算机之父"和"人工智能之父"艾伦·图灵（见图 1-1）发表了论文《计算机器与智能》，这篇论文被誉为人工智能科学的开山之作。在论文的开篇，图灵提出了一个引人深思的问题："机器能思考吗？"这个问题激发了人们无尽的想象，同时也提出了人工智能的基本概念和雏形。

在这篇论文中，图灵提出了鉴别机器是否具有智能的方法，这就是人工智能领域著名的"图灵测试"。如图 1-2 所示，其基本思想是测试者在与被测试者（一个人和一台计算机）隔离的情况下，通

图 1-1 艾伦·图灵

过一些装置（如键盘）向被测试者随意提问，并通过回答判断对方是人还是机器。进行多次测试后，如果被测试的计算机让平均每个测试者做出了超过 30% 的误判，那么这台计算机就通过了测试，并被认为具有智能。

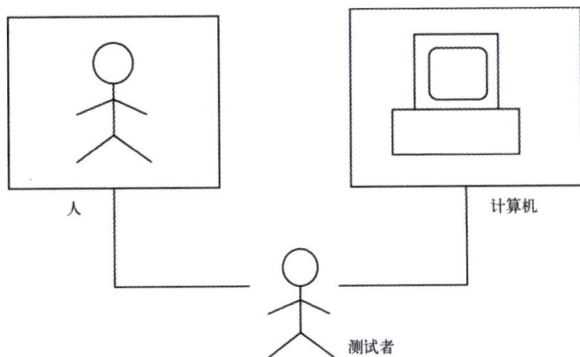

图 1-2　图灵测试

▶▶▶ 1.2.2　人工智能的诞生

人工智能的诞生可以追溯到 20 世纪 50 年代。当时，计算机科学刚刚起步，人们开始尝试通过计算机程序来模拟人类的思维和行为。在这个背景下，一些杰出的科学家和工程师开始研究如何使计算机具备更高级的功能。

1956 年 8 月在美国达特茅斯学院举办的人工智能夏季研讨会，是人工智能领域具有里程碑意义的一次重要会议。这次会议汇聚了众多杰出的科学家和工程师，他们共同探讨和研究人工智能的发展和应用前景。

这次会议围绕着人工智能的定义、研究方法和应用场景展开。参会者们深入探讨了人工智能的基本概念、算法和技术，以及人工智能在各个领域的应用潜力。他们共同认识到，人工智能的研究和发展将为人类带来巨大的变革和进步。

在这次会议上，"人工智能"这个词被约翰·麦卡锡（见图 1-3）首次提出。参会者们不仅对人工智能的研究和应用前景进行了深入探讨，还提出了许多重要的观点和思路，为人工智能的发展奠定了基础。这次会议的召开标志着人工智能作为一个独立学科的正式诞生，因此，达特茅斯会议被称为"人工智能的开端"，1956 年也被称为"人工智能元年"。

图 1-3　"人工智能"提出者
约翰·麦卡锡

▶▶▶ 1.2.3　人工智能的发展阶段

从 1956 年（人工智能元年）至今，人工智能的发展经历了漫长的岁月，大致可以划分为以下 6 个阶段（见图 1-4）。

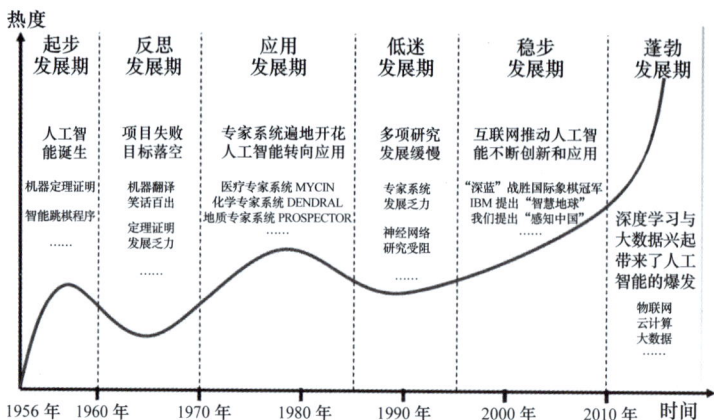

图 1-4　人工智能的发展阶段

1. 起步发展期

这个阶段主要是 20 世纪 50 年代到 60 年代初，人工智能的研究刚刚起步，取得了一定的研究成果，如机器定理证明、智能跳棋程序等。这个阶段的研究成果比较有限，但是为后续的研究奠定了基础。

2. 反思发展期

这个阶段主要是 20 世纪 60 年代到 70 年代初，人工智能的研究遭遇了瓶颈，许多项目失败，人们对人工智能的期望开始降低。这个阶段的研究开始反思人工智能的局限性和问题，开始探索新的方法和思路。

3. 应用发展期

这个阶段主要是 20 世纪 70 年代初期到 80 年代中期，人工智能开始应用于各个领域，如自然语言处理、图像处理、机器翻译等。这个阶段的研究主要集中在应用领域，为人工智能的实际应用提供了支持。

4. 低迷发展期

这个阶段主要是 20 世纪 80 年代中期到 90 年代中期，由于人工智能在实际应用中的效果不佳，研究热度逐渐降低。这个阶段的研究主要集中在算法和技术的优化上，但发展比较缓慢。

5. 稳步发展期

这个阶段主要是 20 世纪 90 年代中期到 2010 年，随着计算机性能和数据处理能力的提高，人工智能的研究和应用稳步发展。这个阶段的研究主要集中在深度学习、自然语言处理、计算机视觉等领域，取得了许多重要的成果。

6. 蓬勃发展期

这个阶段主要是 2011 年至今，随着互联网、云计算、物联网、大数据等信息技术的发展，泛在感知数据和 GPU 等计算平台推动以深度神经网络为代表的人工智能技术飞速发展，大幅跨越科学与应用之间的"技术鸿沟"，图像分类、语音识别、知识问答、自动驾驶等具有广阔应用前景的人工智能技术突破了从"不能用、不好用"到"可以用"的技术瓶颈，人工智能发展进入爆发式增长期，掀起了新高潮。2022 年，ChatGPT 横空出世，带动各种人工智能大模型产品"百花齐放"，生成式 AI（即借助于人工智能生成文本、图片、视频等内容）使得公众对人工智能的理解被彻底刷新，并极大加速了 AI 在各行各业、各类场景中的应用。2024 年 12 月，DeepSeek 新版本发布，以低成本、高性能震撼全球，推开了人工智能成为"普惠"技术的大门。

▶▶▶ 1.2.4 未来人工智能发展的五级进阶

2024 年 7 月，OpenAI 向公众披露了其对未来 AI 发展阶段的界定标准（见图 1-5），以帮助人们更清晰地理解 AI。

图 1-5　OpenAI 对未来 AI 发展阶段的界定标准

OpenAI 将 AI 划分为五级，从能够与人类进行基本对话的 AI（L1）开始，直至能够独立完成复杂组织任务的 AI（L5）。具体如下。

（1）第一级（L1），聊天机器人（基础智能），具有自然语言对话能力的 AI 系统，如 ChatGPT 和文心一言等。聊天机器人是弱人工智能的初级形式，它们具有交互能力，能够理解并生成自然语言，与人类进行简单的对话、互动。这类 AI 系统广泛应用于客服系统、智能语音助手等领域，如 Siri、小爱同学等。它们能够处理生活中的常见问题，提供便捷的信息查询和交互体验。

（2）第二级（L2），推理者（进阶智能），具备一定的推理水平，能够解决专业问题的 AI 系统。推理者作为弱人工智能的进阶形式，具备更强的逻辑推理、分析和判断能力。比如，OpenAI o3 和 DeepSeek-R1 都属于具备推理能力的大模型。这类 AI 系统能够完成需要深层理解和推理的任务，例如，在医疗领域，IBM 的超级计算机 Watson 能够通过分析大量医学文献，为医生提供诊断建议和治疗方案。推理者的出现，极大地提升了 AI 系统在专业领域的应用价值和准确性。

（3）第三级（L3），智能体（高级智能），能够代表用户自主采取行动、执行任务的 AI 系统（注：此处所说的智能体是 6.4 节中发展到高级阶段的智能体）。智能体是强人工智能的代表，它们具有调用能力，能够代表用户采取行动，并根据环境变化调整行动策略。在现实世界或虚拟环境中，智能体能够自主执行任务，如自动驾驶汽车、智能家居系统、智能助手等。这些 AI 系统不仅具备高度的自主性，还能与人类进行紧密的协作，共同完成任务。需要说明的是，目前市场上的智能体（如百度的文心智能体、OpenAI 的 Operator 等），虽然名字叫智能体，但是并没有达到 L3 的高级智能水平。目前市场上的自动驾驶汽车也尚未达到 L3 的高级智能水平，还只能作为人类的驾驶助手，无法完全脱离人类实现自动驾驶。

（4）第四级（L4），创新者（超级智能），可以协助人类完成新发明的 AI 系统。创新者是超级人工智能的初步设想，它们具有发现、发明能力，能够提出新的想法和解决方案。在药物研发、新材料发现等领域，创新者能够加速科学发现过程，推动科技进步。这类 AI 系统不仅具备高度的创造力，还能通过不断学习和优化，不断提升自身的智能水平。

（5）第五级（L5），组织者（终极智能），可以完成组织工作的 AI 系统。组织者被视为超级人工智能的终极形态，具有组织协同能力，能够协调多个 AI 系统或人类共同完成复杂任务。在处理复杂的组织结构和业务流程方面，组织者能够像人类一样运营公司或机构，实现高效的管理和决策。这类 AI 系统的出现，将彻底改变人类社会的组织方式和运作模式。

不同级别的人工智能在各个领域有着广泛的应用场景。聊天机器人和推理者主要应用于客服、医疗、教育等领域，提供便捷的信息查询、智能诊断等服务。智能体则广泛应用于自动驾驶、智能家居、智能助手等场景，实现设备的自主控制和智能管理。创新者和组织者则更多地应用于科研、企业管理等领域，推动科技进步和产业升级。

1.3 人工智能的影响

▶▶▶ 1.3.1 人工智能对工作、生活等方面的影响

人工智能作为当今世界最前沿的技术，对人类社会产生了广泛而深远的影响，主要表现在以下几个方面。

1. 生活方式的变革

AI 极大地改变了人们的生活方式，提高了生活质量。智能家居系统能够自动控制用户家中的各种设备，如灯、空调、电视等，根据用户的习惯和需求提供个性化的服务。智能助手如 Siri、小爱同学、天猫精灵等，通过语音识别和自然语言处理技术，帮助人们查询信息、设置提醒、进行日程管理等，使生活更加便捷。此外，AI 在购物、娱乐、旅游等方面的应用，也提供了更加个性化和智能化的服务体验。

2. 工作模式的转变

AI 对职场和工作模式产生了深远的影响。一方面，AI 能够自动处理大量数据，执行重复性任务，提高工作效率。例如，在数据分析、客户服务、物流等领域，AI 的应用显著减少了人工操作需求，降低了成本。另一方面，AI 的发展也催生了许多新兴职业，如数据分析师、AI 工程师、机器学习工程师等，这些职业要求从业者具备更高的技能水平和创新能力。同时，AI 也促使职场文化更加开放和包容，鼓励创新思维和跨学科合作。

3. 教育领域的革新

AI 在教育领域的应用为个性化教学提供了可能。智能教育平台能够根据学生的学习习惯和能力水平，为他们量身定制学习计划，提供定制化的学习资源和辅导。AI 辅导系统还可以针对学生的薄弱环节进行有针对性的辅导，提高学习效率。此外，AI 还可以作为教学助手，辅助教师进行教学管理、评估和反馈等工作，减轻教师的工作负担。这些个性化的教育服务有助于提高学生的学习兴趣和效率，促进他们的全面发展。

4. 经济结构的优化与产业升级

AI 技术的发展对经济结构的优化与产业升级起到了重要作用。首先，AI 作为通用性最强的关键技术，具有强大的外溢性和带动性，能够推动传统产业的技术改造和产业升级。例如，在制造业中，AI 可以应用于智能制造、自动化生产线等方面，提高生产效率和产品质量。其次，AI 的快速发展也催生了一批新兴产业，如人工智

能芯片、智能机器人、自动驾驶汽车等，这些新兴产业成为经济增长的新引擎。最后，AI 的应用还能够促进消费、投资、出口"三驾马车"的协同发展，为经济的高质量发展提供有力支撑。

5. 环境保护与可持续发展

AI 在环境保护与可持续发展方面也发挥了重要作用。通过数据分析和机器学习，AI 改善太阳能板、风力发电机等设备的性能，提高可再生能源的利用率。AI 还能够实时跟踪企业和个人的碳排放情况，帮助企业制定有效的减排策略。此外，AI 还可以应用于精准农业、智能交通等领域，优化资源利用和减少浪费。这些应用都有助于环境保护与可持续发展目标的达成。

6. 社会伦理与隐私保护

AI 的发展也带来了社会伦理与隐私保护方面的一些挑战。随着大数据和机器学习技术的普及，人们的个人信息越来越容易被收集和利用。这就要求我们更加关注对自己隐私的保护，同时也需要政府和企业加强相关法规的制定和执行。此外，AI 的广泛应用也引发了关于算法透明度、数据歧视等社会伦理问题的讨论。因此，在推动 AI 技术发展的同时，也需要加强对其社会影响的评估和监管。

互联网企业家、360 集团创始人在 2025 年 2 月指出，2025 年将是 AI 彻底改变世界的第一年，并且预测，未来几年 AI 将使我们的工作和生活发生如下变化。

（1）会用 AI 的人会逐渐淘汰不会用 AI 的人。一位初创 AI 企业的负责人问一位服装公司负责人："你公司里面什么工种最贵呢？什么工种最难呢？"服装公司负责人回答："毫无疑问都是设计师，我有 50 位设计师，工资是其他岗位的两倍，这 50 位设计师一个月才能做出 100 套服装版型。" AI 企业把服装公司所有 100 套服装版型和从网络获取的海量服装版型用 AI 学习了一遍，只用不到一天时间，就生成了 1000 个新的服装版型。AI 企业把这 1000 个由 AI 生成的服装版型和那 100 个由人类设计师设计的服装版型混在一起提供给淘宝的头部主播选款，主播选了 10 款，结果，被主播选中的 10 款，全部不是设计师设计的，都是 AI 设计的。顷刻之间，这家服装公司的 50 位设计师变成了"可疑的存在"。

（2）AI 将极大提升人类获取信息的效率。过去，我们打开浏览器和搜索引擎，不管搜索什么，传统的搜索引擎都会搜索出来成千上万个网页，我们需要自己通过思考把这些碎片化的网页信息组织起来，才能得到自己想要的答案。而在 AI 时代，类似纳米 AI 搜索的 AI 搜索引擎完全放弃了传统搜索引擎的"套路"，AI 会替你阅读成千上万个网页，把中间正确的内容提取出来，直接生成答案，让你获取信息的效率提高几十倍到上百倍，无论你问什么问题，它都能精准理解，而且你可以采用多种方式发起提问，比如拍照提问、语音提问、文字提问等。

（3）AI手机开始普及，AI语音助理成为标配，改变了人类使用手机的方式。比如，用户可以使用AI手机，让手机协助自己点外卖、订机票、制订旅游计划等。

（4）AI眼镜会成为时髦的可穿戴设备。很多公司都会推出AI眼镜，这些AI眼镜和普通眼镜看起来没有什么差别，但是，却浓缩了前沿"黑科技"。眼镜上配备有摄像头和AI联网功能，可以"即看即拍"，即时搜索答案；戴上AI眼镜出国旅游，它的同声传译功能可以让你听懂外国人讲话；你抬头看天空，AI眼镜为自动为你播报今天的天气；你看一眼路边的餐厅，AI眼镜会通过联网搜索把这家餐厅的情况和菜品推送到你眼前。

（5）自动驾驶成为汽车的标配。没有自动驾驶功能的汽车将逐渐被淘汰。自动驾驶汽车会加速走入我们的生活，90%的情况下，我们可以放心地把车辆交给AI来驾驶。

（6）AI智能管家走入千家万户。智能家居的概念已经被提出来很多年，但是，一直没有大规模落地应用，主要原因是缺少一个能跟人真正对话交流的智能管家，把家里的所有家电和智能设备都管理起来。以后，我们每个家庭都可以拥有一个私人的"大模型"，智能管家会走入每个家庭，它可以部署在路由器和计算机上。在日常生活中，智能管家会熟悉每个家庭成员的生活习惯，记录下生活中的点点滴滴，你的家电在智能管家的统一管理下，每个家电都可以拥有智能，能够和你对话，比如打开冰箱的时候，冰箱可以给你推荐今天的晚餐食谱，还会在你准备喝碳酸饮料的时候主动提醒你注意减肥。

（7）AI教师将普及，补课不用再去上补习班。以后，孩子不用去上各种课后补习班，每个孩子都可以拥有一个AI教师，这将颠覆传统的教育模式，AI教师可以陪孩子练习英语口语、解数学题、写作文、编程序，在数学、编程和写作方面，大模型已经超越了人类绝大多数老师。AI教师通常比真人授课的教师，更加懂每个孩子，它会了解孩子学习上的弱点，为孩子量身定制学习计划，进行启发式教育。更重要的是，AI教师的情绪极其稳定，而且不知疲倦。

（8）更多人开始利用AI创造收入。对于普通人来说，AI最大的价值就在于消除了专业技能的鸿沟，让每个人都能成为拥有"超能力"的超级个体，只要你有想法，AI基本都能帮你实现，比如，用AI生成电影，用AI自动拍摄短视频。举个极端的例子，一个深山里的老农，即使不会美术设计，也可以用AI来生成农产品营销海报；不会写文章，也可以用 AI 来生成农产品营销文案；不用长相出众善于表达，也可以用 AI 生成一个虚拟数字人实现线上直播带货，而且 24 小时不眠不休；不用建设团队支付工资，就能够得到一个专业的 AI 客服团队，直接给客户打电话、接电话，回答各种问题。

以上为周鸿祎先生给出的预测，笔者将之收入本书，供读者参考。

▶▶▶ 1.3.2 人工智能开启科学研究"第五范式"

图灵奖获得者、著名数据库专家吉姆·格雷（Jim Gray）博士观察并总结，人类自古以来在科学研究上先后历经了实验科学、理论科学、计算科学和数据密集型科学这四种范式（见图 1-6），具体说明如下。

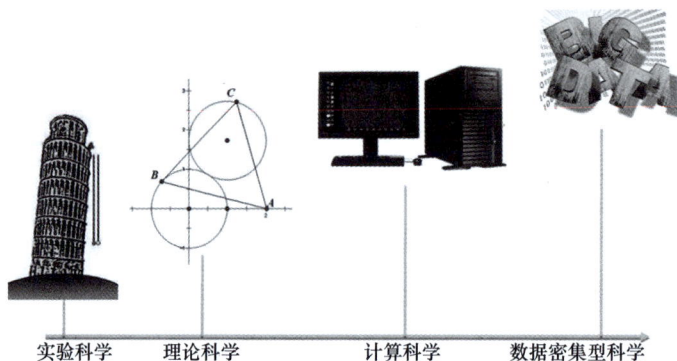

实验科学　　理论科学　　　计算科学　　数据密集型科学

图 1-6　科学研究的四种范式

（1）第一种范式：实验科学。在最初的科学研究阶段，人类通过实验来解决一些科学问题，著名的比萨斜塔实验就是一个典型例子。1590 年，伽利略在比萨斜塔上做了"两个铁球同时落地"的实验，得出了质量不同的两个铁球同时落地的结论，从此推翻了亚里士多德"物体下落速度和质量成比例"的学说，纠正了这个持续了 1900 余年的错误结论。

（2）第二种范式：理论科学。实验科学的研究会受当时实验条件的限制，难以完成对自然现象更精确的理解。随着科学的进步，人类开始采用数学、几何学、物理学等理论构建问题模型，寻找解决方案。比如，牛顿第一定律、牛顿第二定律、牛顿第三定律构成了牛顿经典力学体系，奠定了经典力学的概念基础，经典力学理论的广泛传播和运用对人们的生活和思想产生了重大影响，在很大程度上推动了人类社会的发展。

（3）第三种范式：计算科学。1946 年，随着人类历史上第一台通用计算机 ENIAC 的诞生，人类社会步入计算机时代，科学研究也进入了一个以"计算"为中心的全新时期。在实际应用中，计算科学主要用于对各个科学问题进行计算机模拟和其他形式的计算。通过设计算法并编写相应程序输入计算机运行，人类可以借助计算机的高速运算能力去解决各种问题。计算机具有存储容量大、运算速度快、精度高、可重复执行等特点，是科学研究的利器，推动了人类社会飞速发展。

（4）第四种范式：数据密集型科学。随着数据的不断累积，其宝贵价值日益得到体现，物联网和云计算的出现，更促成了事物发展从量到质的转变，使人类社会开启了全新的大数据时代。如今，计算机不仅能做模拟仿真，还能进行分析总结，得到理论。在大数据环境下，科学研究以数据为中心，从数据中发现问题、解决问题，真正体现数据的价值。大数据成为科研工作者的宝藏，从数据中可以挖掘未知模式和有价值的信息，服务于生产和生活，推动科技创新和社会进步。

虽然第三种范式和第四种范式都是利用计算机来进行计算，但是，二者还是有本质区别的。在第三种范式中，一般是先提出可能的理论，再搜集数据，然后通过计算来验证。而第四种范式是先有了大量已知的数据，然后通过计算得出先前未知的结论。

在科学研究上，AI 展现出了令人瞩目的应用成果，极大地帮助了科研工作者提升工作质量和效率，AI for Science（AI4S，智能科学）正在成为赋能科学研究的"第五范式"（即利用人工智能加速科学发现）。与前四种范式不同，AI for Science 不仅能充分利用已有的经验、理论和数据，而且能生成全新的科学假设和逼真的自然现象，推导出未知的结论，提高科学研究的速度和准确性，探索更广阔的可能性空间。从当下 AI 的发展水平来看，AI 与科学研究者之间的关系是互补而非替代。AI 可以作为科学研究的强大工具，帮助人类处理数据、模拟实验、预测结果等，但是人类科学家的直觉、判断力、创造性是不可替代的。谈到 AI 对科学研究的改变，最具标志性的事件就是 2024 年诺贝尔奖的三个自然科学领域奖项中，与 AI 相关的奖项就占两个（见图 1-7）。其中，约翰·霍普菲尔德（John J. Hopfield）和杰弗里·辛顿（Geoffrey E. Hinton）获得 2024 年诺贝尔物理学奖，以表彰他们通过人工神经网络实现机器学习而做出的基础性发现和发明；美国科学家戴维·贝克（David Baker）、英国人工智能公司谷歌 DeepMind 的两位科学家德米斯·哈萨比斯（Demis Hassabis）和约翰·江珀（John M. Jumper）获得 2024 年诺贝尔化学奖，以表彰他们对蛋白质结构预测的贡献，即通过计算和人工智能揭示蛋白质的秘密。AI 用于科学研究以后，大大加速了科学研究的进程。以谷歌 DeepMind 研发的蛋白质结构预测工具 AlphaFold 为例，它仅仅用了不到 3 年时间就成功预测了数亿个蛋白质结构，几乎覆盖了地球上所有已知的蛋白质（以此前的结构生物学实验进度，完成这一工作量可能需要耗费十亿年时间），这将大大加快一些疾病的药物研发速度。

约翰·霍普菲尔德　　杰弗里·辛顿　　戴维·贝克　德米斯·哈萨比斯　约翰·江珀

图 1-7　2024 年诺贝尔奖官方画像——物理学奖及化学奖获得者

▶▶▶ 1.3.3　人工智能开启"人机共生"新时代

斯坦福大学商学院教授、以人为本人工智能研究所高级研究员埃里克·布林约尔弗森曾指出，当前 AI 进步的速度远超预期，令众多研究者感到惊讶。然而，我们的商业、文化和经济却未能与之同步。AI 可能会让人类变得更好，但如果被错误运用，也可能让人类变得更糟。我们有必要进一步反思和总结：人们应该以什么样的态度去面对 AI 及其所代表的机器智能？应该建立什么样的新型人机关系？在这一关系中，人类能否掌握主动权的关键，日益聚焦到以下两个问题上：一是越来越强大的机器智能能否遵循人类的目的和意志，朝着对人类友善、负责任的方向发展，确保不脱离人类的掌握而走向"失控"；二是人类能否未雨绸缪，跟上机器智能的发展和进化速度，有能力与其进行沟通与协作，促成一种更高阶的人机共生关系乃至人机文明。

根据财新智库联合上海交通大学发布的报告，在 AI 新一轮发展的浪潮之下，人们需要建立新型的"三线"人机关系观。

（1）人机协作是基准线。新一轮 AI 浪潮下，人机共存、人机交互已成为人类必须面对的现实，人机之间的竞争以及可能出现的结构性矛盾也难以避免。然而，也无须过于悲观，因为目前 AI 所代表的机器智能仅仅是人类的工具或帮手，它按照人类设定的程序默默地协助人类开展工作。在这一关系中，AI 负责信息处理、初步分析和辅助执行，能够帮助人类减轻工作负担，让人类有更多时间去关注具有更高价值、更具创造力的任务。人机协作融合了 AI 和人的智能，将 AI 的分析和自动化能力与人类智能相结合，可实现协同增效。

（2）人机共生是趋势线。在某种程度上，随着生成式AI技术的到来，人类已经进入一个"人、机、物"三元融合的万物智能互联时代。未来，人类与AI的融合、进化和共生之路有望开启。在这一进程中，AI将不仅是一个计算工具，还将扮演人类合作者的角色，执行更为复杂的任务，甚至协助人类进行决策。与此同时，人类也在与AI的交互中发生变化。例如，端侧模型的优化正在改变人与移动设备的交互方式，而更高阶的智能体交互（如陪伴型、融入型、替身型）正在为人们创造全新的体验，扩展人类能力，甚至实现"超能力替身"，让人类得以完成以往无法完成的任务。

（3）"人在机器之上"是底线。从人机关系的角度来看，关键在于始终坚持"人是目的"的立场，确立以人为中心的"人本原则"，基于人类的基本立场、价值原则和"底线伦理"来设计和治理AI，让AI拥抱并对齐（alignment）人类的价值观。

伴随着新一轮AI浪潮所带来的新型人机关系，"人本智能"理念应运而生。简要来说，人本智能（Human-centric AI，HAI）是指从"以人为本"的视角重新审视AI技术及其影响，要求在AI技术研发，AI产品与服务的设计、应用以及与外界的交互中，都必须以满足人类需求和谋求人类福祉为首要目标。人本智能在价值上突出以人为主体，尊重人的尊严和权利；认为AI是为了增强人类的能力和福祉，而不是取代或降低人类的角色、自尊和价值感。人本智能将AI视为由人类组成的更大系统的一部分，它关注AI的伦理、社会和文化影响，确保AI对社会中的所有人都是可信、可用且有益的。

1.4 人工智能思维

在当今数字化时代，AI的发展可谓日新月异，它已渗透到生活的各个角落，深刻地改变着我们的生活与工作方式。在这样的大背景下，培养AI思维显得尤为重要。所谓AI思维，是指使用AI进行问题的分析与解决，主要体现在以下三个关键方面。

（1）了解AI的基础运行模式。AI基于大量的数据，运用复杂的算法来进行学习和决策。以机器学习算法为例，它通过对海量数据的分析，构建出数据模型，从而让机器能够对新的数据进行分类、预测和判断。深度学习作为机器学习的一个分支，模拟人类大脑的神经网络结构，让机器能够自动从数据中提取特征，实现图像识别、语音识别等功能。例如，我们日常使用的图像搜索引擎，它通过对大量图像数据的学习，能够识别出不同图像中的物体、场景等信息，当我们输入一张图片时，它就能快速找到与之相似的图片。了解这些基础运行模式，能让我们明白 AI 是如何工作的，也有助于我们更好地利用 AI 技术。需要说明的是，了解 AI 的基础运行模式，并非了解 AI 的每种算法的具体原理，而是熟悉 AI 如何发展到今天，知道 AI 用什么技术解决了什么问题，并知道各种技术的应用场景。比如，当我们使用文心一言生成一张图片时，我们要知道，文心一言使用了大模型技术，大模型是采用庞大规模数据对人工神经网络进行训练后得到的，需要数据、算法和算力的强大支撑，知道这些即可，不需要知道大模型采用的 Transformer（转换器）架构的复杂的底层技术原理，更不需要知道如何对大模型进行预训练和调优。

（2）能够区分人的能力和机器的能力，明确人和机器的边界。人具有独特的创造力和情感，这些是机器目前无法完全复制的。人类的创造力体现在能够从无到有地创造出全新的概念、艺术作品和科学理论。而机器虽然能在给定的规则和数据范围内进行高效的计算和分析，但缺乏真正的创造性思维。在情感方面，人类的情感丰富多样，它影响着我们的决策和行为。机器虽然能模拟一些情感反应，但它们并没有真正的情感体验。明确这些边界，能让我们正确看待 AI，既不盲目夸大其能力，也不忽视它带来的便利和变革。

（3）拥有和 AI 协作的能力，懂得如何运用 AI。在实际工作和生活中，AI 已经成为我们强大的助手。在工作中，许多具有重复性、规律性的任务可以交给 AI 来完成，如数据整理、文档排版等。我们可以利用 AI 工具进行数据分析，快速获取有价值的信息，为决策提供支持。在生活中，智能助手可以帮我们查询信息、设置提醒等。要与 AI 高效协作，我们需要学会选择合适的 AI 工具，并掌握基本的使用方法，以充分发挥 AI 的优势，提高工作和生活的效率。全球知名 AI 科学家、美国斯坦福大学李飞飞教授建议，斯坦福大学应重新调整招生标准，只招收前两千名最善于用 AI 解决问题的学生，这就是未来的方向：掌握 AI，利用 AI 解决实际问题，从辅助学习开始，到解决生活问题、现实问题和世界问题。

第 2 章
大模型——人工智能的前沿

大模型是人工智能领域的一种重要技术，处于人工智能技术发展的前沿，它通过深度学习和人工神经网络技术，可以处理大规模的数据集，并从中学习到复杂的特征和模式。大模型通常具有数百亿甚至上万亿级别的参数，因此，需要大量的计算资源和时间来训练和优化。大模型在自然语言处理、计算机视觉等领域有着广泛的应用。例如，在自然语言处理中，大模型可以用于文本生成、机器翻译等任务，使机器更好地理解和生成人类语言。在计算机视觉中，大模型可以用于图像识别、目标检测、人脸识别等任务，提高机器的视觉感知能力。

本章首先介绍大模型的概念和代表产品，然后介绍大模型的基本原理、分类、应用领域及其对人们工作和生活的影响，最后探讨大模型是否可以让人类步入 AGI 时代。

2.1 大模型概述

本节介绍大模型的概念、大模型与小模型的区别、大模型的发展历程。

▶▶▶ 2.1.1 大模型的概念

大模型通常指的是大规模的人工智能模型，是一种基于深度学习技术，具有海量参数、强大的学习能力和泛化能力，能够处理和生成多种类型数据的人工智能模型。简单来讲，大模型就是用大数据和算法进行训练的模型，它能够捕捉到大规模数据中的复杂模式和规律，从而预测出更加准确的结果。很多先进的模型由于拥有"大"的特点，因此模型参数越来越多，泛化性能越来越好，在各种专门领域的输出结果也越来越准确。

大模型的"大"的特点通常体现在参数数量庞大、训练数据量大、计算资源需求高等，具体说明如下。

（1）参数数量庞大。大模型是具有数百亿甚至上万亿参数的人工神经网络模型，比如，2020年，OpenAI推出了GPT-3，模型参数规模达到了1750亿，2023年3月发布的GPT-4的参数规模是GPT-3的10倍以上，达到1.8万亿。2025年1月20日我国幻方量化公司旗下AI公司深度求索发布的DeepSeek-R1，参数为6710亿。

（2）训练数据量大。大模型需要使用海量的数据进行训练，这些数据涵盖丰富的领域和主题，包括网页公开数据、专业数据库、社交媒体数据（微博、微信、小红书等）、图书和文档、图像和视频数据等。通过学习大量的真实世界数据，大模型能够掌握不同的语言表达方式、语义理解和知识体系，从而提高模型的泛化能力。大量的数据就像丰富的养分，让模型能够不断吸收和学习，避免过拟合，使其在面对新的、未见过的数据时也能表现出色，实现对各种任务的有效处理。目前，全球顶尖的大模型的训练，已经消耗了人类产生的几乎所有的公开数据集。有专家测算，人类已经公开的数据集，如果让人类个体学习，至少要学习40万年，但是，大模型只需要学习3～6个月。

（3）计算资源需求高。训练和运行大模型需要强大的计算资源支持。由于模型参数多、数据量大，在训练过程中需要进行大量的矩阵运算和复杂的人工神经网络迭代，因此需要高性能的GPU和TPU等计算设备。例如，一些大型数据中心会配备数千块GPU来加速模型的训练，人工智能初创公司xAI研发的第三代大语言模型Grok 3甚至采用了由多达20万块GPU构成的集群进行训练。同时，大模型的训练过程还需要高速的内存和外存来存储和读取数据。充足的计算资源是大模型运行的基础，只有具备足够的算力，才能让大模型在合理的时间内完成训练和推理任务，充分发挥其强大的性能。

大模型的优势主要包括以下几个方面。

（1）上下文理解能力强。大模型具有更强的上下文理解能力，能够处理更复杂的语意和语境。这使得它们能够产生更准确、更连贯的回答。

（2）语言生成能力强。大模型可以生成更自然、更流利的语言，减少了输出错误或令人困惑的情况。

（3）学习能力强。大模型可以从大量的数据中学习，并利用学到的知识和模式来提供更精准的答案和预测。这使得它们在解决复杂问题和应对新的场景时表现更加出色。

（4）可迁移性高。大模型学习的知识和能力可以在不同的任务和领域中应用。这意味着一次训练后就可以将大模型应用于多种任务，无须重新训练。

2.1.2　大模型与小模型的区别

小模型通常指参数较少、层数较浅的机器学习模型，它们具有轻量级、高效率、易于部署等优点，适用于数据量较小、计算资源有限的场景，如移动端应用、嵌入式设备、物联网等。

而当模型的训练数据和参数不断扩大，达到一定的临界规模后，模型就会表现出一些未能预知的、更复杂的能力和特性，能够从原始训练数据中自动学习并发现新的、更高层次的特征和模式，这种能力被称为"涌现能力"。而具备涌现能力的机器学习模型就被认为是独立意义上的大模型，这也是其和小模型最大的区别。

相较于小模型，大模型通常参数较多、层数较深，具有更强的表达能力和更高的准确度，但也需要更多的计算资源和时间来训练和推理，适用于数据量较大、计算资源充足的场景，如云端计算、高性能计算、人工智能等。

在大模型时代，AI for Science 展现出的赋能效果与小模型时代大相径庭。传统人工智能在科学研究中多聚焦于特定任务的优化，如数据挖掘算法辅助科研数据处理，或基于既有模式进行推理预测，但其模型规模与泛化能力有限，难以解决复杂问题。而大模型以海量数据进行训练，具备强大的跨领域知识整合能力；模型架构提供其多层次的学习和处理能力，能够捕捉高维数据中的复杂结构和模式，并对复杂科学问题进行整体理解与全局综合分析。大模型还能通过生成式能力提出创新性假设，为科学研究开辟新方向。

2.1.3　大模型的发展历程

大模型历经三个发展阶段，分别是萌芽期、沉淀期和爆发期（见图 2-1）。

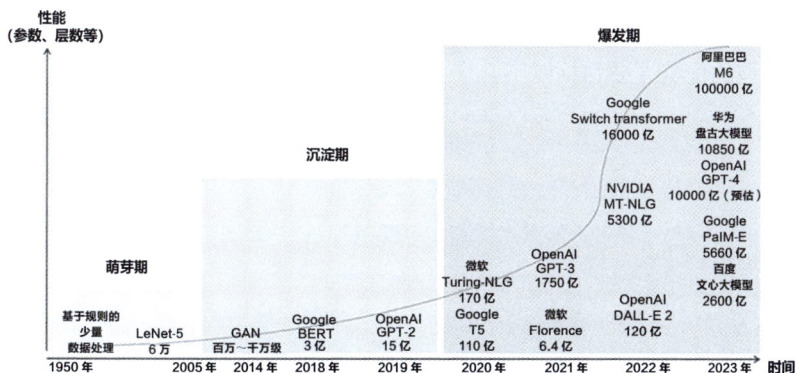

图 2-1　大模型的三个发展阶段

1. 萌芽期（1950—2005 年）

这是以 CNN（Convolutional Neural Network，卷积神经网络）为代表的传统人工神经网络模型阶段。1956 年，从计算机专家约翰·麦卡锡提出"人工智能"概念开始，AI 由基于小规模专家知识逐步发展为基于机器学习。1980 年，CNN 的雏形诞生。1998 年，现代 CNN 的基本结构 LeNet-5 诞生，早期基于浅层机器学习的模型变为基于深度学习的模型，为自然语言生成、计算机视觉等领域的深入研究奠定了基础，对后续深度学习框架的迭代及大模型发展具有开创性的意义。

2. 沉淀期（2006—2019 年）

这是以 Transformer 为代表的全新人工神经网络模型阶段。2013 年，自然语言处理模型 Word2Vec 诞生，首次提出将单词转换为向量的"词向量模型"，以便计算机更好地理解和处理文本数据。2014 年，被誉为 21 世纪最强大算法模型之一的 GAN（Generative Adversarial Network，生成对抗网络）诞生，标志着深度学习进入了生成模型研究的新阶段。2017 年，谷歌颠覆性地提出了基于自注意力机制的人工神经网络架构——Transformer 架构，奠定了大模型预训练算法架构的基础。2018 年，OpenAI 基于 Transformer 架构发布了 GPT-1 大模型，意味着预训练大模型成为自然语言处理领域的主流，其中，GPT 的英文全称是 Generative Pre-trained Transformer（生成式预训练转换器），这是一种基于互联网的、可用数据来训练的、生成文本的深度学习模型。2019 年，OpenAI 发布了 GPT-2。

3. 爆发期（2020 年至今）

这是以 GPT 为代表的预训练大模型阶段。2020 年 6 月，OpenAI 推出了 GPT-3，模型参数规模达到了 1750 亿，成为当时最大的语言模型，并且在零样本学习任务上实现了巨大性能提升。随后，更多策略如基于人类反馈的强化学习（Reinforcement Learning from Human Feedback，RLHF）、代码预训练、指令微调等开始出现，被用于进一步提高大模型的推理能力和泛化能力。2022 年 11 月，搭载了 GPT-3.5 架构的 ChatGPT（Chat Generative Pre-trained Transformer，聊天生成式预训练转换器）横空出世，凭借强大的自然语言交互与多场景内容生成能力，迅速"引爆"互联网，在全球范围内引起轰动，使得大模型的概念迅速进入普通大众的视野。ChatGPT 是人工智能技术驱动的自然语言处理工具，能够通过理解和学习人类的语言来进行对话，还能根据聊天的上下文进行互动，真正像人类那样来聊天交流，甚至能完成撰写邮件、视频脚本、文案、代码、论文等任务。OpenAI 在 2023 年 3 月发布了 GPT-4，它是一个多模态大模型（接受图像和文本输入，生成文本）。

相较于GPT-3，GPT-4可以更准确地回答问题，具有更广泛的常识和解决问题的能力。2023年12月，谷歌公司发布大模型Gemini，它可以同时识别文本、图像、音频、视频和代码五种类型的信息，还可以理解并生成主流编程语言（如Python、Java、C++）的高质量代码，并拥有全面的安全性评估。2024年2月，OpenAI再次震撼全球科技界，发布了名为Sora的文本生成视频大模型，只需用户输入文本就能自动生成视频。2024年9月，OpenAI发布了大模型o1，其在推理能力上有了巨大的提升，能够像人类一样"思考"问题，并在回答问题之前产生一长串的内部思维链，这使得它能够解决比以前的科学、编码和数学模型更难的问题。2024年12月21日，具有更强推理能力的大模型o3正式发布。2024年12月26日，杭州一家名为"深度求索"的中国初创公司，发布了全新一代开源大模型DeepSeek-V3，凭借其卓越的性能和低廉的成本，震撼全球，成为全球人工智能发展历史上的一个标志性事件。DeepSeek的开源之举使得AI像水和电一样触手可及，为实现"时时、处处、人人可用的普遍智能"带来曙光。

2.2 大模型的基本原理

本节首先介绍大模型的基本原理，然后以一个实例演示大模型的训练过程。

▶▶▶ 2.2.1 原理概述

在大模型中，文本数据会被切分成一个个有意义的片段，这些片段被称为Token（或者翻译为"词元"），一个Token可能是一个字符、一个单词或单词的组合等。大模型在处理文本数据时，需要将文本转化为计算机能够理解的形式，每个Token会被映射为一个特定的向量，这样模型就能对文本进行计算和处理。在生成文本时，模型也是逐个Token地进行输出。模型会根据输入以及已经生成的上下文，预测下一个可能的Token，直到生成完整的文本内容。比如，在对话系统中，模型根据用户的输入和对话历史，生成合适的回复，每次生成一个Token，逐步构建出完整的回复语句。Token的数量可以用来衡量模型处理的文本规模以及计算量。一般来说，处理的Token越多，模型需要学习的信息就越多，计算量也越大，对模型的性能要求也就越高。同时，模型处理Token的速度、生成Token的准确性等也是评估模型性能的重要指标。因此，一些收费的大模型产品，其收费价格都是以Token为单位的，比如，GPT-4的收费标准是，输入（你向大模型提交内容）100

万个 Token 收费 30 美元，输出（大模型向你返回结果）100 万个 Token 收费 60 美元。

大模型是基于深度学习的，它利用大量的数据和计算资源来训练具有大量参数的人工神经网络模型。通过不断地调整模型参数，使得模型能够在各种任务中取得最佳表现。大模型是基于 Transformer 架构的，这种架构是一种专门用于自然语言处理的"编码器—解码器"架构。在训练过程中，大模型将输入的单词以向量的形式传递给人工神经网络，然后通过网络的编码、解码及自注意力机制，建立起每两个单词之间联系的权重。大模型的核心能力在于将输入的每句话中的每个单词与已经编码在模型中的单词进行相关性的计算，并把相关性又编码叠加在每个单词中。这样，大模型就能够更好地理解和生成自然文本，同时还能够表现出一定的逻辑思维和推理能力。具体说明如下。

（1）数据驱动。大模型的学习主要依赖于大量的文本数据。这些数据有互联网、书籍、文章等各种来源。通过对这些数据进行训练，大模型能够学习到自然语言的统计规律和模式。OpenAI 前首席科学家伊利亚·苏茨克维总结，OpenAI 的 GPT 大模型学习的是"世界模型"。他将互联网文本称作世界的映射，因此，将海量互联网文本作为学习语料的 GPT，学习到的是整个世界。

（2）人工神经网络。大模型通常使用深度学习中的人工神经网络，尤其是 Transformer 架构。这种架构特别适合于处理序列数据（如文本）。人工神经网络由多层的神经元组成，每一层都会对数据进行一定的转换和处理。

（3）编码—解码过程。在 Transformer 架构中，编码器和解码器是两个核心组件。编码器负责将输入的文本转换为一种内部表示，而解码器则负责将这种内部表示转换回文本。

（4）自注意力机制。这是 Transformer 架构的一个关键特性，即允许模型在处理文本时考虑到每个单词与其他单词的关系。通过计算每个单词与其他所有单词的相关性，大模型能够捕捉到文本中的复杂依赖关系。

（5）训练和优化。大模型的训练通常使用梯度下降等优化算法。在训练过程中，模型会不断地调整其内部的参数，以最小化预测结果与实际结果之间的差异。

（6）泛化能力。一旦训练完成，大模型就能够对新的、未见过的文本进行理解和生成。这种能力使得大模型在各种自然语言处理任务中表现出色，如机器翻译、文本摘要、问答系统等。

总的来说，大模型通过结合深度学习、大规模数据和先进的人工神经网络架构，实现了对人类语言的高度理解和模拟，为 AI 领域带来了革命性的进步。

上面关于大模型原理的阐述，略微显得有点"学术"，更加通俗地说，以 Transformer 为基本模型的生成式 AI（如 ChatGPT、DeepSeek、豆包等），不再从互联网中搜索和罗列已有匹配信息，而是从海量数据中洞悉单词与单词的共现概率，以组合意义下的"昨日重现"方式合成语言内容。Transformer 这种新型深度神经网络，其核心在于通过自注意力机制让每个单词"记住"在不同语境下的"左邻右舍"，然后以似曾相识之感来基于概率合成新的内容。由于每个单词要"记住"越来越多不同语境下的"左邻右舍"，因此，模型参数不断增多会导致模型规模不断增大，随之出现了大模型的"扩展定律"，即随着模型规模、训练数据和计算资源的增加，模型性能会显著提升，并"涌现"出新的能力，并且这些关系遵循可预测的模式。简而言之，大模型是在数据、算法、算力基础之上"大力出奇迹"的结果。

▶▶▶ 2.2.2　大模型训练的实例演示

厦门大学官网中有一个"学校简介"网页 xxjj.htm（见图 2-2），这个网页包含了大约 2000 字的文本内容，下面是网页的第 1 段文字内容。

厦门大学（Xiamen University），简称厦大（XMU），由著名爱国华侨领袖陈嘉庚先生于 1921 年创办，是中国近代教育史上第一所华侨创办的大学，也是一所与中国共产党同龄的大学。在建校 100 周年之际，中共中央总书记、国家主席、中央军委主席习近平向学校发来贺信。贺信指出，厦门大学是一所具有光荣传统的大学。100 年来，学校秉持爱国华侨领袖陈嘉庚先生的立校志向，形成了"爱国、革命、自强、科学"的优良校风，打造了鲜明的办学特色，培养了大批优秀人才，为国家富强、人民幸福和中华文化海外传播作出了积极贡献。

图 2-2　厦门大学"学校简介"网页

这个网页是全球都可以访问的，因此，属于公开数据集，大模型开发者可轻易获取并用于大模型的训练。那么，大模型开发者（如开发 DeepSeek 的杭州深度求索公司）是如何使用这 2000 字文本内容对大模型进行训练的呢？

这 2000 字文本内容首先会被切分成一个个 Token，为了简化理解，读者可以把一个个 Token 理解成一个个单词，比如，"厦门大学是一所具有光荣传统的大学"会被切分成 9 个 Token，即"厦门""大学""是""一所""具有""光荣""传统""的""大学"。然后，开发者会把这些 Token "喂"给大模型学习。但是，大模型是无法识别文本类型的数据的，它只能识别数值型数据（如 1,2,3,0.3,0.9 等）。因此，需要采用"词向量化"技术把单词转化为向量。这里简单解释一下"向量"。一维向量是由一个值构成的，如 [2]；二维向量是由两个值构成的，如 [0.1,8]；三维向量是由三个值构成的，如 [2,0.4,9]；以此类推。这里我们假设把每个单词都转化成一个三维向量，比如，"厦门"被转化成向量 [0.3,8,2.5]，"大学"被转化成向量 [2,1.3,7]。这种转化的数学本质就是，把每个单词都映射到一个三维数学空间中，"厦门"被转化成三维向量 [0.3,8,2.5]，意味着，"厦门"这个单词被映射到三维空间中时，X 坐标是 0.3，Y 坐标是 8，Z 坐标是 2.5。每次训练，单词都被映射到一个多维空间中，大模型的训练过程就是学习这些单词在多维空间中的语义关系，即"谁是谁的左邻右舍"。

实际上，每个 Token 并不是被映射到三维空间中，上面以三维空间为例，只是为了让我们能够理解这个问题，因为人类大脑是难以理解超过三维的更高维度的空间的。在目前的主流大模型中，每个 Token 都是被映射到 1000 维以上的高维空间中，只有达到这么高的维度，才能够捕捉 Token 之间非常丰富的语义关系，这样，大模型才能够在回答我们的提问时生成高质量的结果。

所以，"厦门"会被转化成高于 1000 维的向量，"大学"也会被转化成高于 1000 维的向量，以此类推，每个单词都会被转化成高于 1000 维的向量。这些向量组合在一起，就是一个数学中的"矩阵"。大模型的底层是一个人工神经网络，这个矩阵会被输入大模型，进行人工神经网络的训练（见图 2-3）。因此，人工神经网络训练过程的数学本质，就是矩阵的计算。

在大模型的训练中，可以采用"并行化"技术对矩阵计算进行并行处理，这样可以大大加快矩阵计算的速度，大幅缩短大模型训练的时间。当然，大模型的并行计算，除了矩阵计算并行化，还包括数据并行和流水线并行等。并行计算的实现需要具备大量并发计算能力的高端 GPU 显卡，因为 CPU 通常仅有个位数的高性能核心，擅长串行逻辑处理，只有高端 GPU 显卡才拥有数千个计算核心，可以很好地支持并行计算。美国英伟达（NVIDIA）能够生产制造可以用于大模型训练的高端 GPU 显卡（如 A100 和 H100），我国的高端 GPU 显卡的性能和英伟达还有一定的差距，以华为和摩尔线程为代表的国内企业正在快速追赶。

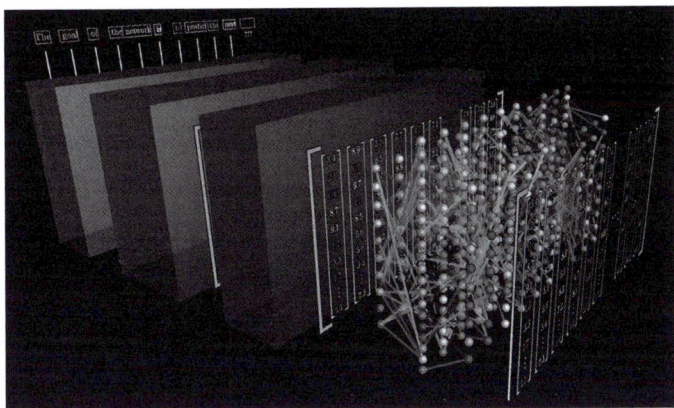

图 2-3　大模型训练示意图

　　面对越来越大的模型，训练模型所需的 AI 算力也不断飙升，"大力出奇迹"这一算力霸权开始左右 AI 的发展。英伟达创始人兼首席执行官就据此提出过"黄氏定律"：在计算架构改进的推动下，AI 芯片的性能每年可提升 1 倍，速度远超摩尔定律。在这种理论指导下，美国为了保持在 AI 领域的领先地位，开始大量囤积英伟达显卡，并限制英伟达显卡向中国出口。直到 2025 年 1 月，我国 DeepSeek 的强势崛起，打破了这种"囤积显卡、堆叠算力"的状况。DeepSeek 模型仍基于美国谷歌于 2017 年提出的 Transformer 架构，没有实现改变游戏规则的颠覆性基础理论创新。但是，它在模型算法和工程优化方面进行了系统级创新，在 2048 块英伟达 H800 GPU（针对中国市场的低配版 GPU）集群上完成训练，打破了大模型以大算力为核心的预期天花板，说明"大力出奇迹"并非 AI 唯一出路，这为世界各国科技工作者在受限资源下探索 AGI 开辟了新的道路。

2.3　大模型的分类

▶▶▶ 2.3.1　按照输入数据类型划分

按照输入数据类型的不同，大模型主要可以分为以下三大类。

（1）语言大模型：也称为"大语言模型"（Large Language Mode，LLM），是指在自然语言处理（Natural Language Processing，NLP）领域中使用的一类大模型，通常用于处理文本数据和理解自然语言。这类大模型的主要特点是它们在大规模语料库上进行了训练，以学习自然语言的各种语法、语义和语境规则。代表性产品包括 GPT 系列（OpenAI）、Bard（谷歌）、文心一言（百度）等。

（2）视觉大模型：在计算机视觉（Computer Vision，CV）领域中使用的大模型，通常用于图像处理和分析。这类模型通过大规模图像数据进行训练，可以完成各种视觉任务，如图像分类、目标检测、图像分割、姿态估计、人脸识别等。代表性产品包括 VIT 系列（谷歌）、文心 UFO（百度）、盘古 CV（华为）、INTERN（商汤科技）等。

（3）多模态大模型：能够处理多种不同类型数据的大模型，如文本、图像、音频等多模态数据。这类模型结合了 NLP 和 CV 的能力，以实现对多模态信息的综合理解和分析，从而能够更全面地理解和处理复杂的数据。代表性产品包括 DingoDB 多模向量数据库（九章云极 DataCanvas）、DALL-E（OpenAI）、悟空画画（华为）、Midjourney（Midjourney）等。

世界模型是多模态大模型的下一个重要发展方向。从本质上来说，世界模型是一种对现实世界的抽象表示，它整合了大量的信息，包括物理规律、因果关系、物体属性及环境特征等。通过学习这些信息，模型能够预测不同行为在特定环境下可能产生的结果，就像人类在脑海中对各种情况进行预判一样。以自动驾驶汽车为例，要实现安全、高效的自动驾驶，汽车需要具备一个强大的世界模型。这个模型不仅要了解道路规则、交通信号的含义，还要对其他车辆、行人的行为模式有所掌握，甚至要考虑到天气、路况等环境因素对驾驶的影响。基于这样的世界模型，自动驾驶汽车才能在面对各种复杂路况时做出正确的决策，如何时加速、减速、转弯等。在机器人领域，世界模型同样发挥着关键作用。机器人需要通过感知周围环境的信息，构建出一个关于自身所处环境的世界模型。这个模型可以帮助机器人理解环境中的物体布局、自身与物体的相对位置关系，以及如何通过执行不同的动作来完成任务，如在仓库中搬运货物、在家庭中协助做家务等。

▶▶▶ 2.3.2 按照应用领域划分

按照应用领域的不同，大模型主要可以分为 L0、L1、L2 三个层级。

（1）通用大模型（L0）：可以在多个领域和任务上通用的大模型。它们利用大算力、使用海量的开放数据与具有巨量参数的深度学习算法，在大规模无标注数据上进行训练，以寻找特征并发现规律，进而形成可"举一反三"的强大泛化能力，可在不进行微调或进行少量微调的情况下完成多场景任务，相当于 AI 完成了"通识教育"。我们平时使用的 DeepSeek、豆包、文心一言等，都属于通用大模型。这类大模型可以说是"上知天文、下知地理、无所不知、无所不晓"，但是，它们什么都懂，却都懂得不深，无法回答一些很专业的问题，比如，我们无法直接用 DeepSeek 给病人看病，因为医疗行业的病理诊断数据集都是医疗行业内部数据，是无法从互联网上获取的，这也意味着大模型在训练阶段没有学习过这些数据，因而训练后得到的大模型也就不具备看病的能力。

（2）行业大模型（L1）：针对特定行业或领域的大模型。它们通常使用行业相关数据进行预训练或微调，以提高其在该领域的性能和准确度，相当于 AI 成为"行业专家"。比如，在医疗行业，华为和瑞金医院合作，使用大量的医疗行业数据集对大模型进行训练，打造了瑞智病理大模型 RuiPath，其知识问答深度达到了专家级知识水平，改变了传统病理医生的工作模式，提升了诊断效率与质量。

（3）垂直大模型（L2）：针对特定任务或场景的大模型。它们通常使用任务相关数据进行预训练或微调，以提高其在该任务上的性能和效果。比如，一些大型企业可以使用大量的合同文本和条款对大模型进行训练，得到可以用来进行合同审查和合同起草的大模型，代替传统的人工起草和审查，大大提高了工作效率和效果。

▶▶▶ 2.3.3　大语言模型的分类

大语言模型分为通用大模型和推理大模型，二者之间不是彼此取代的关系，而是各自具有特定的应用场景。如果需要完成数据分析、逻辑推理、代码生成等逻辑性较强且较为复杂的任务，则需要选择推理大模型。如果是用于创意写作、文本生成、意图识别等发散性较强且较需要创意的任务，则要选择通用大模型。表 2-1 给出了通用大模型和推理大模型的对比。

表 2-1　通用大模型和推理大模型的对比

项目	推理大模型	通用大模型
适用场景	复杂推理、解谜、数学、编码难题	文本生成、翻译、摘要、基础知识问答
复杂问题解决能力	优秀，能进行深度思考和逻辑推理	一般，难以处理多步骤的复杂问题
运算效率	较低，推理时间较长，资源消耗大	较高，响应速度快，资源消耗相对较小
"幻觉"风险	较高，可能出现"过度思考"导致的错误答案	较低，更依赖于已知的知识和模式

项目	推理大模型	通用大模型
泛化能力	更强，能更好地适应新问题和未知场景	相对较弱，更依赖于训练数据
擅长任务举例	解决复杂逻辑谜题，编写复杂算法，数学证明	撰写新闻稿，翻译文章，生成产品描述，回答常识问题
成本	通常更高	通常更低

以 DeepSeek 大模型为例，进入 DeepSeek 官网，对话界面（见图 2-4）中有一个"深度思考（R1）"按钮，供用户选择大模型的版本，当"深度思考（R1）"按钮处于选中状态时，DeepSeek 大模型采用的是推理大模型 DeepSeek-R1，当这个按钮处于未选中状态时，DeepSeek 大模型采用的是通用大模型（非推理大模型）DeepSeek-V3。OpenAI 在 2025 年 4 月发布信息表示，在未来的 GPT 版本中，用户将不需要手动选择使用哪种类型的大模型（推理大模型或通用大模型），用户直接输入问题，系统会自动判断用户的问题复杂程度，从而自动决定选择哪种类型的大模型来回答用户的问题。

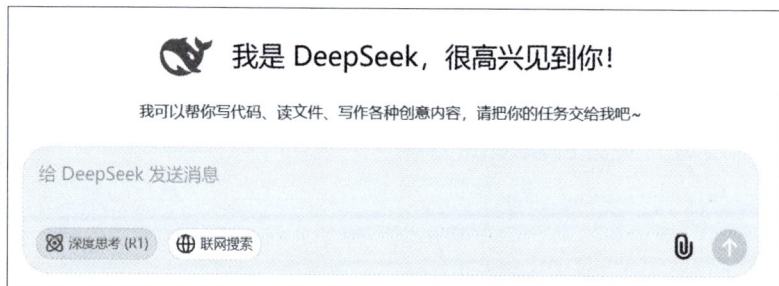

图 2-4　DeepSeek 对话界面

下面通过一个实例来对比通用大模型和推理大模型在使用效果上的区别。

进入 DeepSeek 对话界面，选中"深度思考（R1）"按钮，然后在提示词输入框中输入提示词"请你介绍一下厦门大学"并提交。如图 2-5 所示，DeepSeek 在给出答案之前，会经历一个"显式"的思考过程（用灰色文字，而不是黑色文字），这个思考过程被称为"思维链"。在经过一段时间的思考以后（这里思考耗时 23 秒），大模型才会给出最终答案（用黑色文字）。

而如果不选中"深度思考（R1）"按钮，那么就是采用通用大模型 DeepSeek-V3，这时在提示词输入框中输入提示词"请你介绍一下厦门大学"并提交，大模型会"不假思索"马上给出答案，就像人类凭借直觉回答问题一样。

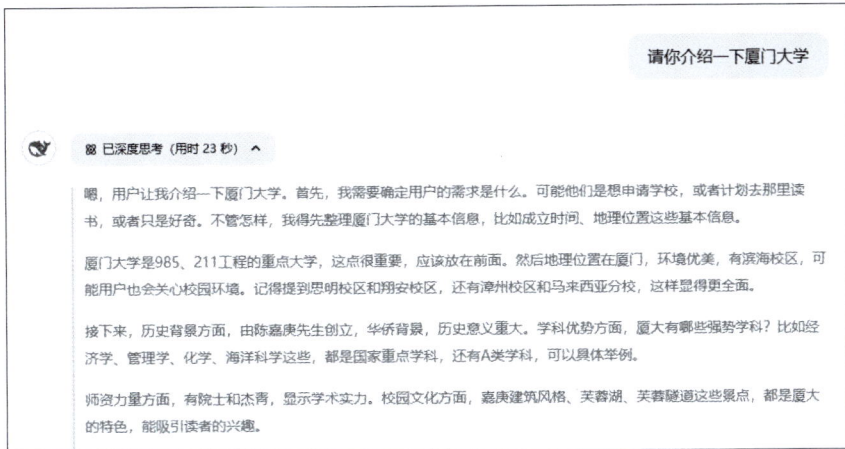

图 2-5　DeepSeek 大模型的思考过程

前面提到过，涉及复杂推理的问题，一般使用推理大模型，对于基础知识问题，一般使用通用大模型。那么，对于基础知识问题，如果一定要使用推理大模型来回答，会存在什么问题呢？实际上，会存在两个问题。

（1）浪费时间。对于"请你介绍一下厦门大学"这种常识问题，大模型思考了 23 秒以后才给出答案，如果每天多问一些类似的基础知识问题，就会浪费大量的时间。

（2）可能会生成错误答案。把基础知识问题交给推理大模型去回答，推理大模型会展开复杂的推理分析，但是，经过反复思考、推理以后，给出的答案反倒有可能是错误的。

鉴于以上两个原因，一般不建议把基础知识问题交给推理大模型来处理。

2.4　大模型的应用领域

大模型的应用领域非常广泛，涵盖了自然语言处理、计算机视觉、语音识别、推荐系统、医疗健康、金融风控、工业制造、生物信息学、自动驾驶、气候研究等多个领域。

1. 自然语言处理

大模型在自然语言处理领域具有重要的应用，可以用于文本生成（如小说、新闻稿等的创作）、翻译系统（能够实现高质量的跨语言翻译）、问答系统（能够回答用户提出的问题)、情感分析(用于判断文本中的情感倾向)、语言生成(如聊天机器人)等。

2. 计算机视觉

大模型在计算机视觉领域也有广泛应用,可以用于图像分类(识别图像中的物体和场景)、目标检测(定位并识别图像中的特定物体)、图像生成(如风格迁移、图像超分辨率增强)、人脸识别(用于安全验证和身份识别)等。

3. 语音识别

大模型在语音识别领域也有应用,如语音识别、语音合成等。通过学习大量的语音数据,大模型可以实现高质量的跨语言翻译并生成自然语音。

4. 推荐系统

大模型可以用于个性化推荐、广告推荐等任务。通过分析用户的历史行为和兴趣偏好,大模型可以为用户提供个性化的推荐服务,提高用户满意度和转化率。

5. 医疗健康

大模型可以用于医疗影像诊断、疾病预测等任务。通过学习大量的医学影像数据,大模型可以辅助医生进行疾病诊断和治疗方案制定,提高医疗水平和效率。

6. 金融风控

大模型可以用于信用评估、欺诈检测等任务。通过分析大量的金融数据,大模型可以评估用户的信用等级和风险水平,以及检测欺诈行为,提高金融系统的安全性和稳定性。

7. 工业制造

大模型可以用于质量控制、故障诊断等任务。通过学习大量的工业制造数据,大模型可以辅助工程师进行产品质量控制和故障诊断,提高生产效率和产品质量。

8. 生物信息学

在生物信息学领域,大模型可以用于基因序列分析(识别基因中的功能元件和变异位点)、蛋白质结构预测(推测蛋白质的二级和三级结构)、药物研发(预测分子与靶点的相互作用)等。

9. 自动驾驶

自动驾驶需要处理大量的感知数据,大模型可以用于图像和雷达数据的处理,实现物体检测、路径规划和决策制定等功能,从而实现自动驾驶汽车的安全行驶。

10. 气候研究

在气候研究领域,大模型可以处理气象数据,进行天气预测和气候模拟。它们能够分析复杂的气象现象，提供准确的气象预报，帮助人们做出应对气候变化的决策。

2.5 大模型对人们工作和生活的影响

大模型对人们的工作和生活产生了深远的影响，提升了工作效率，优化了决策过程，促进了创新发展，提升了生活质量。

▶▶▶ 2.5.1 大模型对工作的影响

大模型对工作的影响主要体现在以下几个方面。

（1）提高工作效率：大模型在自然语言处理、机器翻译等领域的应用，使得人们能够快速、准确地处理大量文本数据，提高工作效率。例如，在翻译领域，大模型能够自动翻译多种语言，减少人工翻译的时间和成本，提高翻译效率。

（2）优化决策过程：大模型能够收集、整理和分析大量的数据，通过数据挖掘和机器学习，帮助人们更准确地了解现状、预测未来，从而做出更明智的决策。

（3）自动化部分工作：大模型的发展使得一些烦琐、重复的工作可以由机器来完成，从而减轻了人们的工作负担。例如，在金融领域，大模型可以自动分析大量的金融数据，帮助人们做出更准确的决策。

（4）创造新的就业机会：大模型的普及和应用将创造许多新的就业机会。例如，需要更多的人来开发和维护大模型，也需要更多的人来利用大模型进行各种应用开发。

▶▶▶ 2.5.2 大模型对生活的影响

大模型对生活的影响主要体现在以下几个方面。

（1）改善生活质量：大模型在智能家居、智能客服等领域的应用，使得人们的生活更加便利、舒适。例如，通过智能家居系统，人们可以用语音指令控制家电，实现智能化生活。

（2）提高学习效率：大模型在教育领域的应用可以帮助人们更高效地学习新知识。例如，通过大模型的智能推荐功能，人们可以根据自己的兴趣和需求，获取更加个性化的学习资源。

（3）增强娱乐体验：大模型在娱乐领域的应用可以为人们提供更加丰富、多样的娱乐体验。例如，通过大模型的语音识别功能，人们可以用语音指令控制游戏，实现更加智能化的游戏体验。

2.6 大模型是否可以让人类步入 AGI 时代

我们离人类智能水平的 AGI（通用人工智能）时代还远吗？如果你问 OpenAI、Anthropic、谷歌等顶尖 AI 公司的首席执行官，他们肯定是信心满满，认为 AGI 时代就在眼前。但现实是，越来越多的人认为，大模型的思维方式跟人类完全不同。

研究者们发现，如今的大模型在底层架构上就存在根本性的局限。大模型本质上是通过学习海量的经验规则，然后把这些规则套用到它们所接触的信息上，进而模拟智能。这与人类甚至动物对世界的理解方式大不相同。生物体会构建一个关于世界是如何运转的世界模型，该模型包含因果关系，能让我们预测未来。很多 AI 工程师宣称，他们的模型也在其庞大的人工神经网络中构建出了类似的世界模型，证据是这些模型能够写出流畅的文章，并能表现出明显的推理能力。尤其是最近推理模型取得的进展，更加让人相信我们已经走在了通向 AGI 的正确道路上。然而，近期的一些研究让我们可以从内部窥探一些大模型的运行机制，窥探的结果让人怀疑我们是否真的在接近 AGI。所有大模型在 AGI 方面取得的所谓"进展"，实际上都归功于构建了规模极其庞大的统计模型，这些模型制造出了一种"智能"的假象。每一次性能的提升并没有让它们变得更聪明，只是让它们在输入的数据范围内成了更好的启发式预测器。AGI 和大型统计模型之间的能力差异通常难以察觉，但这种能力差异是一个重要的本质区别，因为它决定了可实现的应用场景。统计模型就像信息的静态快照，基于现实的规则生成，但它不是现象本身，所以没法由基本原理创造新信息。统计模型的"涌现能力"，其实就是各种模式的组合，模型越大，找到的模式越多，组合出的模式也越多。归根结底，一切都是模式。Anthropic 等公司的研究进一步表明，大模型确实能通过统计分析得出正确答案，但它的推理方式跟智能推理完全不同。

2018 年图灵奖获得者、世界著名人工智能科学家、美国学者杨立昆（Yann LeCun）（见图 2-6）2025 年在多个场合发表观点："AGI 遥遥无期，大模型只不过是基于概率分布的统计模型。它们无法判断什么是对、什么是错，只能通过启发式方法来判断什么可能是对的，什么可能是错的，因此无法通过推理来构建世界的客观规律。在追求类人推理机器的道路上，我们已经多次犯错。我们现在错了，而且可能还会再错。人类的推理远比统计模型复杂得多。我们每次都错了！"

图 2-6　2018 年图灵奖获得者杨立昆

　　不少国内外学者也秉持类似的观点，他们认为，大模型采用了人工神经网络技术，但它没有脑神经，不生电，不会痛，它只是层层函数、堆堆参数，甚至数十亿乃至数万亿的参数，在一场场矩阵乘法中计算出下一个字、下一个像素等。大模型并不是有意识的存在，而是算法与数据的直接产物。大模型的"推理"，不过是生成一串自洽的中间步骤，符合训练中"看起来像推理"的数据统计特征，这不是逻辑演绎，而是"看起来像"。今天大模型的能力，来自"预训练"，不是训练它完成某个任务，而是"喂"给它整个互联网的公开数据，包括网页、维基百科、小说、论坛、GitHub 代码等，先让它什么都看，然后再来"微调"，让它听人话、写邮件、画图、下棋……尽管大模型看似能够进行流畅推理和问题解答，但它们背后的思维链其实只是复杂的统计模式匹配，而非出自真正的推理能力。大模型仅仅通过海量数据和经验法则来生成响应，而不是通过深刻的世界模型和逻辑推理来做决策。

　　由此观之，人类通往 AGI 的道路仍然充满了不确定性。

第 3 章
DeepSeek 大模型的应用场景

在科技飞速发展的当下，人工智能大模型正深刻改变着各个领域的运作模式。DeepSeek 大模型自问世以来，以其强大的语言理解与生成能力、高效的数据处理及出色的任务执行表现，迅速吸引各界目光。在企业中，它为企业运营注入智能活力，从优化内部管理流程到推动产品创新、提升客户服务质量，DeepSeek 大模型助力企业在激烈市场竞争中脱颖而出。对于政府工作而言，其应用有效提升政务服务效能，实现从政策精准推送、智能审批到城市精细化治理的全方位赋能，促进政府数字化转型。在高校场景里，DeepSeek 大模型深度融入教学与科研，为教师提供智能教学辅助，助力学生个性化学习，推动科研创新。

本章首先介绍 DeepSeek 大模型在企业中的应用，然后介绍 DeepSeek 大模型在政府中的应用，最后介绍 DeepSeek 大模型在高校中的应用。

3.1 DeepSeek 大模型在企业中的应用

▶▶▶ 3.1.1 客户服务与支持

DeepSeek 大模型可以提供客户服务与支持。

- 自动回复客户咨询：快速响应客户疑问，基于模型知识储备提供准确解答。
- 多渠道客服支持：覆盖多平台客服，统一标准，高效处理不同渠道的咨询。
- 自动处理订单：依据订单信息，自动完成录入、审核等流程，提升效率。
- 自动处理退款：智能审核退款申请，符合条件则快速处理，保障客户权益。
- 自动处理投诉：接收投诉信息，分析问题并分类，及时反馈处理进展。

- 自动处理咨询：24 小时不间断，快速响应各类咨询，解答客户困惑。
- 情感支持：理解客户情绪，给予安抚和鼓励，提升客户服务体验。
- 智能语音客服：通过语音交互，清晰解答问题，提供便捷服务。
- 客户反馈分析：深入剖析客户反馈内容，挖掘需求，助力企业改进。
- 实时聊天支持：实时沟通，及时响应客户需求，提升客户满意度。

▶▶▶ 3.1.2 个性化推荐

DeepSeek 大模型支持个性化推荐。

- 个性化购物推荐：依据用户消费习惯、偏好等数据，精准推送契合商品。
- 个性化音乐推荐：分析用户听歌历史、曲风喜好，定制专属音乐歌单。
- 个性化电影推荐：结合观影记录、评分倾向，推送符合口味的电影佳作。
- 个性化图书推荐：根据阅读历史、题材偏好，为用户筛选心仪图书。
- 个性化视频推荐：基于观看行为、视频类型偏好，智能推荐相关视频。
- 个性化新闻推荐：参照浏览记录、关注领域，推送用户感兴趣的新闻。
- 个性化旅游推荐：依据出行习惯、目的地偏好，规划特色旅游方案。
- 个性化学习推荐：结合学习进度、知识薄弱点，提供适配学习资源。
- 个性化内容推荐：综合浏览偏好、互动数据，推送个性化资讯。
- 个性化广告推荐：分析用户画像、行为数据，精准投放相关广告。

▶▶▶ 3.1.3 教育与培训

DeepSeek 大模型在教育与培训领域的应用如下。

- 在线辅导学生：通过实时交互，运用知识储备为学生答疑解惑。
- 自动批改作业：快速识别作业内容，依据标准自动批改并给出反馈。
- 个性化学习路径：根据学生学习状况、能力，量身定制专属学习计划。
- 语言学习助手：辅助听说读写，提供发音、语法纠正及翻译等功能。
- 虚拟实验室：模拟实验场景，让学生在线操作，提升实践探索能力。
- 智能题库管理：依据知识点和难度，智能生成、筛选、更新题目。
- 学习进度跟踪：实时监测学习行为，记录进度，为调整学习策略提供依据。
- 虚拟导师：随时在线，根据学生特点给予学习建议与指导。
- 职业培训：针对不同职业需求，提供专业技能培训课程与辅导。
- 在线考试监控：利用技术手段，全程监控考试过程，确保公平公正。

▶▶▶ 3.1.4 医疗与健康

DeepSeek 大模型在医疗与健康领域也可以发挥重要作用。

- 初步医疗建议：基于症状描述，为用户提供症状分析和就医建议。
- 健康监测：整合各类健康数据，实时追踪身体指标，预警潜在风险。
- 药物提醒：依据用药方案，按时精准提醒服药，确保治疗依从性。
- 心理健康支持：通过对话交流，为用户提供心理疏导与情绪安抚服务。
- 医疗数据分析：深度挖掘医疗数据，为医疗机构提供决策依据和趋势洞察。
- 远程医疗咨询：患者与医生线上沟通，模型辅助解答基础医疗问题。
- 疾病预测：分析历史健康数据，预测疾病发生概率，助力预防。
- 医疗知识库：存储海量医学知识，随时供医护人员及患者查询。
- 智能诊断：结合症状与数据，辅助医生进行疾病的初步诊断与判断。
- 健康管理：根据个体健康状况，制定个性化健康管理方案并跟踪执行情况。

▶▶▶ 3.1.5　金融与投资

DeepSeek 大模型在金融与投资领域的主要应用如下。

- 市场趋势分析：深度剖析海量市场数据，精准预测行业走向与发展趋势。
- 风险评估：综合多维度信息，量化潜在风险，为企业决策筑牢安全防线。
- 智能投顾：根据用户财务状况与目标，定制个性化投资组合。
- 欺诈检测：借助算法实时监测交易行为，提示潜在欺诈风险。
- 财务规划：结合企业财务现状，制定全面、合理的财务方案。
- 自动交易：依据预设策略与市场变化，自动执行高效的交易操作。
- 信用评分：整合多源数据，科学评估信用等级，助力信贷决策。
- 金融数据分析：深度挖掘金融数据价值，洞察市场规律与投资机会。
- 智能客服：快速响应金融客户咨询，解答疑问，提升服务效率与体验。
- 财务报告生成：自动汇总财务数据，精准生成规范、专业的财务报告。

▶▶▶ 3.1.6　内容创作与媒体

DeepSeek 大模型在内容创作与媒体领域的主要应用如下。

- 自动生成文章：依给定主题与要求，快速创作结构完整、逻辑清晰的文章。
- 新闻摘要生成：提炼新闻关键信息，精准产出简洁明了的新闻内容概要。
- 视频内容生成：结合创意构思，自动生成脚本并合成视频画面及元素。
- 社交媒体管理：定时发布内容、互动回复，提升社交媒体账号运营效果。
- 内容审核：运用算法高效甄别文本、图片等内容是否合规。
- 智能写作助手：辅助创作者构思、润色语句，提升写作效率与质量。
- 内容推荐：分析用户兴趣，精准推送契合其喜好的各类内容。

- 语音转文字：实时将语音信息转化为准确文字，便于记录与编辑。
- 图像识别：快速识别图像中的物体、场景、人脸等元素，助力业务应用。
- 内容翻译：支持多语言互译，准确转化不同语言的内容。

▶▶▶ 3.1.7　智能家居与物联网

DeepSeek 大模型在智能家居与物联网领域的主要应用如下。

- 智能家居控制：整合设备，使用户可以通过手机或语音便捷操控家中各类智能设施。
- 家庭安全监控：运用摄像头等设备，实时监测家中状况，保障家庭安全。
- 智能家电管理：依据用户使用习惯，自动优化家电运行，提升使用便捷性并节约能源。
- 家庭健康监测：连接健康设备，实时追踪家庭成员健康数据，守护身体健康。
- 智能照明：感应环境光线与人的活动，自动调节灯光亮度与颜色。
- 智能温控：自动调节室内温度，实现节能与舒适的平衡。

▶▶▶ 3.1.8　法律与合规

DeepSeek 大模型在法律与合规领域的主要应用如下。

- 合同审查：快速解析合同条款，精准识别潜在风险点，给出专业审查意见。
- 法律咨询：基于法律知识储备，实时解答企业的各类法律疑问。
- 合规检查：对照法规政策，全面检查企业运营流程，确保合规经营。
- 法律文档生成：依据需求，自动生成格式规范、内容严谨的法律文档。
- 案件分析：深入剖析案件细节，预测走向，为企业法律决策提供支撑。
- 法律知识库：汇聚海量案例，随时供企业查询，助力法律知识更新。
- 法律风险评估：综合企业运营状况，量化评估法律风险，以便提前防范。
- 法律文书翻译：准确转换不同语言法律文书，保障跨国业务法律沟通。
- 法律案例检索：按关键词等条件快速筛选相似案例，辅助法律工作。
- 法律培训：定制培训课程，运用案例讲解，提升企业员工法律素养。

▶▶▶ 3.1.9　游戏与娱乐

DeepSeek 大模型在游戏与娱乐领域的主要应用如下。

- 游戏角色智能：赋予角色逼真反应，使其自主决策、自适应环境与玩家互动。
- 游戏内容生成：依设定参数，快速产出剧情、关卡、道具等，丰富游戏内容。
- 游戏推荐：分析玩家行为、偏好数据，精准推送契合其兴趣的游戏作品。
- 游戏数据分析：深度挖掘玩家行为、运营数据，为优化游戏提供有力依据。

- 虚拟现实体验：结合虚拟现实技术，营造沉浸式虚拟环境，提升游戏沉浸感。
- 游戏语音识别：精准识别玩家语音指令，实现便捷交互，优化游戏操作体验。
- 游戏社交：助力搭建玩家交流平台，智能匹配好友，增加社交互动乐趣。
- 游戏内容审核：运用算法快速筛查游戏文本、图像，确保内容合规。
- 游戏虚拟助手：随时在线，解答玩家疑问，提供任务指引等贴心服务。
- 游戏市场分析：剖析市场趋势、竞品动态，为游戏开发与运营出谋划策。

▶▶▶ 3.1.10　其他应用

DeepSeek 大模型在企业中的其他应用如下。

- 智能物流：优化物流路径规划，实现库存精准管理，提升物流配送效率。
- 智能能源管理：智能调配能源，优化能耗，提高能源利用效率。
- 智能零售：洞察消费者需求，精准营销，优化供应链与店铺运营。
- 智能招聘：依据岗位需求筛选简历，智能匹配人才，提升招聘效率。
- 智能数据分析：深度挖掘企业数据，揭示规律，为决策提供精准依据。

3.2　DeepSeek 大模型在政府中的应用

▶▶▶ 3.2.1　政务服务领域

1. 智能政务咨询与审批服务

- 多语种智能客服：支持多语言交流，为不同语言背景的群众解答政务疑问。
- 智能审批助手：依据规则快速审核材料，辅助工作人员提升审批效率。
- 企业登记注册咨询：针对企业登记注册流程，提供专业且即时的线上咨询。
- 智能政务热线优化：精准分析来电内容，高效转接并反馈问题。
- 智能引导机器人：在政务大厅指引群众，告知业务办理地点与流程。
- 智能填单助手：依据用户信息自动填充表单，减少手动填写错误。
- 虚拟窗口服务：线上模拟窗口办事，远程提供一站式政务办理服务。

2. 政策解读与精准服务推送

- 个性化政策匹配：分析群众或企业情况，精准匹配适用的政策，并提供权威解读。基于知识图谱技术，DeepSeek 可生成定制化流程清单，政策匹配精度超 90%，并支持复杂政策的多层级解读。DeepSeek 还可以将复杂的法规内容简化，生成合规文书，方便企业和群众查阅。

- 主动服务推送: 依据大数据洞察需求, 主动推送适配的政务服务及办理提醒。比如, 可以根据用户画像推送政策信息, 包括创业培训课程信息、招聘信息、社保办理提醒、创业补贴提示、企业经营风险提示、自然灾害预警等, 实现"政策找人", 减少用户主动查询成本, 提升服务触达率。

3. 城市治理与基层服务

- 诉求意图精准识别: 剖析群众诉求文本, 精准洞察真实意图, 避免理解偏差。
- 诉求智能分派与协同: 依诉求类别、部门职能智能分办, 促进多部门协同高效处理。
- 诉求热点分析与趋势预测: 挖掘诉求数据, 梳理热点问题, 预测趋势, 辅助决策制定。
- 矛盾纠纷智能调解: 解析矛盾信息, 给出调解建议, 助力缓和、化解纠纷矛盾。
- 社区居民智能画像: 整合居民多源数据, 构建精准画像, 清晰呈现居民特征。
- 社区治理风险预警: 监测社区动态数据, 预警潜在治理风险。
- 城市安全风险智能研判: 整合多源数据, 精准分析, 提前洞察城市安全隐患。
- 应急预案智能生成与优化: 依据风险场景, 快速生成预案并持续优化。
- 应急资源智能调度与协同: 结合实时需求, 高效调配资源, 促进协同应对。

▶▶▶ 3.2.2 政府工作

1. 公文处理全流程智能化

- 智能起草: 基于海量政务数据与写作范式, 依指令快速生成公文初稿框架及内容。
- 智能核验与纠错: 逐句筛查公文, 精准识别语法、语义及政策引用等方面的差错。
- 智能排版与格式转换: 自动匹配公文格式, 一键完成排版, 支持多格式互转。
- 智能信息提取与摘要: 剖析公文长文, 提炼关键信息, 生成简洁明了的内容摘要。

2. 智能知识管理与辅助决策

- 智能文库搜索升级: 突破关键词限制, 通过语义理解深挖政府文库, 多轮交互, 精准定位资料。
- 知识图谱构建与分析: 整合政务数据, 搭建知识关联网络, 挖掘潜在关系,辅助决策研判。

- 智能会议纪要与议题分析：自动转录会议内容，提炼要点、分析议题，助力会议成果沉淀。
- 数据可视化分析报告：深度剖析政务数据，将复杂数据转化为直观图表，展现趋势和规律。

3. 自动化办公流程与任务执行

- RPA升级：强化RPA（Robotic Process Automation，机器人流程自动化），使其能自适应复杂政务流程，提升自动化效能。
- 智能任务调度与分配：依据任务紧急度、人员专长等因素，精准分配任务，优化工作流程。
- 智能日程管理与会议安排：综合人员状态、会议室资源等，智能规划日程与会议事务。

4. 政策模拟与影响评估

- 政策效果模拟：基于海量数据，模拟政策实施过程，直观呈现不同场景下的政策成效。
- 政策风险评估：剖析政策潜在影响因素，量化风险，揭示隐患。
- 政策优化建议：依据模拟与评估结果，深度挖掘问题，给出针对性强的优化策略。

5. 政务舆情智能监测与引导

- 舆情实时监测与预警：24小时全网扫描，快速捕捉敏感舆情，第一时间精准预警。
- 舆情分析与趋势预测：深入剖析舆情数据，挖掘传播路径，预测后续发展演变方向。
- 舆情智能引导与回应：生成专业回应策略，引导舆论走向，维护社会稳定。

6. 公务员智能培训与学习

- 个性化学习路径推荐：分析公务员知识水平、岗位需求，定制专属学习路径，精准推送学习内容。
- 智能学习助手：随时解答公务员学习疑问，提供资料、案例，针对难点提供详细解析与知识拓展。
- 培训内容智能生成：依据培训目标、岗位特点，自动生成课件、文档等多样化培训资料。

3.3 DeepSeek 大模型在高校中的应用

>>> 3.3.1 高校科研

DeepSeek 大模型在高校科研中的主要应用如下。

- 智能文献检索：凭借语义理解能力，突破传统关键词限制，在海量学术资源中精准定位所需文献，高效助力科研前期调研。
- 数据可视化工具：将复杂科研数据转化为直观易懂的图表，以多元可视化形式呈现数据特征与规律，便于成果展示与分析。
- 实验设计智能建议：依据研究目的、现有条件，参考过往成功案例，运用算法给出优化实验设计方案，提升实验可靠性。
- 跨学科研究支持：整合多学科知识体系，为跨学科研究提供关联思路，打破学科壁垒，挖掘不同领域交叉创新点。
- 学术写作与报告生成：按照学术规范，结合研究内容，自动生成论文框架，提升写作效率与质量。
- 数据分析与挖掘：深入剖析科研数据，挖掘潜在信息，发现隐藏趋势和关系，为研究结论提供有力数据支撑。
- 个性化知识库：根据科研人员研究方向与兴趣，自动收集、整理相关文献资料，构建专属知识库，方便随时查阅调用。

>>> 3.3.2 高校教学

DeepSeek 大模型在高校教学中的主要应用如下。

- 自适应学习系统：依据学生学习进度、能力与知识掌握状况，动态调整学习内容与路径，实现个性化教学。
- AI 助教：承担答疑、作业批改、学习提醒等任务，为学生随时提供即时且精准的学习辅助。
- 教师 AI 助手：协助教师备课，生成课件、设计教案，还能分析学情，为教学策略调整出谋划策。
- 智能教务系统：自动排课、管理学生成绩与学籍信息，优化教务流程，提升管理效率。
- 教学质量评估：多维度收集教学数据，分析评估教学效果，助力教学质量提升。

- 跨学科培养：打破学科壁垒，整合多学科知识，为跨学科课程学习提供资源与思路。
- 全球同步课堂：借助网络技术和实时翻译系统，实现跨国界实时授课，共享全球优质教育资源。

第4章
大模型工具

从全球范围来看，中国和美国在大模型领域引领全球发展。其中，基于在算法和模型研发上的领先优势，美国大模型数量居全球首位。2025年4月，斯坦福大学发布的《2025年人工智能指数报告政策摘要》显示，美国在重要人工智能模型数量（2024年40个）、高引用人工智能出版物数量（2021—2023年173篇）以及私人人工智能投资（2024年1090亿美元）方面继续领先。中国亦积极跟进全球大模型发展趋势，自2021年以来加速产出。随着2025年春节期间DeepSeek的发布，中国与美国在大模型的重要基准测试上的性能差距已大幅缩小。

本章首先介绍国内外的大模型产品，然后介绍中美两国在大模型领域的竞争，最后介绍大模型工具的"幻觉"问题。

4.1　国外的大模型产品

从国外的大模型格局来看，目前已经形成较为清晰的"双龙头领先+Meta开源追赶+垂直类繁荣"的格局，这里的"双龙头"是指微软和谷歌两家公司。同时，由于通用大模型已相对成熟可用，其应用生态已逐渐繁荣。得益于对先进算法的集成及较早的产品化，GPT不仅在人机对话中表现超预期，同时，微软的数款产品（Bing、Windows、Office、Power Platform等）、代码托管平台GitHub、AI营销创意公司Jasper等也已接入GPT。谷歌在人工智能领域持续投入，其提出的LeNet卷积神经网络模型、Transformer架构、BERT大模型、Gemini大模型等均对全球人工智能产业产生了重要推动力。

▶▶▶ 4.1.1　ChatGPT

聊天生成型预训练变换模型（Chat Generative Pre-trained Transformer，ChatGPT）是一种由 OpenAI 训练的大语言模型，于 2022 年 11 月 30 日发布。它基于 Transformer 架构，经过大量文本数据训练而成，能够生成自然、流畅的语言，并具备回答问题、生成文本、语言翻译等多种功能。ChatGPT 的应用范围广泛，可用于客服、问答系统、对话生成、文本生成等领域。它能够理解人类语言，并能够回答各种问题，提供相关的知识和信息。与其他聊天机器人相比，ChatGPT 具备更强的语言理解和生成能力，能够更自然地与人类交流，并且能够更好地适应不同的领域和场景。ChatGPT 的训练数据来自互联网上的大量文本，因此，它能够涵盖多种语言风格和文化背景。

▶▶▶ 4.1.2　Gemini

Gemini 是谷歌发布的大模型，它能够同时处理多种类型的数据和任务，覆盖文本、图像、音频、视频等多个领域。Gemini 采用了全新的架构，将多模态编码器和多模态解码器两个主要组件结合在一起，以提供最佳结果。Gemini 包括三种不同规模的大模型：Gemini Ultra、Gemini Pro 和 Gemini Nano，适用于不同任务和设备。2023 年 12 月 6 日，Gemini 的初始版本在 Bard 中提供，开发人员版本则可通过 Google Cloud（谷歌云）的 API（Application Program Interface，应用程序接口）获得。Gemini 可以应用于 Bard 和 Pixel 8 Pro 智能手机。Gemini 的应用范围广泛，适用于问题回答、摘要生成、翻译、字幕生成、情感分析等任务。然而，由于其复杂性和黑箱性质，Gemini 的可解释性仍然是一个软肋。2025 年 3 月 26 日，谷歌推出了 Gemini 2.5 Pro，这是一款能够进行复杂推理的混合大模型，配备 100 万个 Token 的上下文，能够处理多模态数据。这个新的"思考模型"在大模型评估平台 LMArena 上以显著优势领先，并在数学、科学和编码基准测试中击败了 DeepSeek-R1、Grok 3 和 Claude 3.7，也几乎全面优于 OpenAI 的两款模型——o3-mini 和 GPT-4.5。

▶▶▶ 4.1.3　Sora

2024 年 2 月，OpenAI 发布了名为 Sora 的文本生成视频大模型。这一技术的诞生，不仅标志着人工智能在视频生成领域的重大突破，更引发了关于人工智能发展对人类未来影响的深刻思考。随着 Sora 的发布，人工智能似乎正式踏入了 AGI 时代。AGI 是指能够像人类一样进行各种智能活动的机器智能，包括理解语言、识别图像、进行复杂推理等。Sora 大模型能够根据用户提供的文本描述，直接输出长达 60 秒的视频，包含高度细致的背景、复杂的多角度镜头，以及富有情感的多个角色。这种能力已经超越了简单的图像或文本生成，开始触及视频这一更加复杂和动态的媒体。这意味着人工智能不仅在处理静态信息方面越来越强大，而且在动态内容的创造上也展现出了惊人的潜力。

图 4-1 所示为 Sora 根据文本自动生成的视频画面，一位戴着墨镜、穿着皮衣的时尚女子走在雨后夜晚的市区街道上，抹了鲜艳唇彩的唇角微微翘起，即便隔着墨镜也能看到她的微笑，地面的积水映出了她的身影和斑斓的霓虹灯，整个画面令人有身临其境之感。

图 4-1　Sora 根据文本自动生成的视频画面

▶▶▶ 4.1.4　OpenAI o3

OpenAI o3（见图 4-2）是 OpenAI 于 2024 年 12 月发布的人工智能 "推理" 模型，它采用 "私人思想链" 进行 "思考"，可在响应前暂停，考虑相关提示词并解释推理过程。o3 能调整推理时间，分低、中、高三种计算级别，级别越高性能越好；还会展开事实核查以规避常见模型陷阱。全规模的 o3 提供先进的功能和性能；o3-mini 为精简版，用于特定任务，适合资源受限的环境。

图 4-2　OpenAI o3

4.2 国内的大模型产品

自 ChatGPT 获得良好用户反响并在全球范围引发关注以来，中国头部科技企业（如阿里巴巴、百度、腾讯、华为、字节跳动等）、新兴创业公司（如深度求索、月之暗面、百川智能、MiniMax 等）、传统 AI 企业（如科大讯飞、商汤科技等），以及高校和研究院（如复旦大学、中国科学院等）亦增加大模型领域投入，大模型市场"百花齐放"，大模型产品加速迭代。表 4-1 给出了 2025 年 1 月国内大模型产品的评测结果。

表 4-1　2025 年 1 月国内大模型产品的评测结果

大模型产品	图标	指标排名
DeepSeek		综合能力第一
豆包		用户数量第一
Kimi		文本处理第一
即梦 AI		作图能力第一
通义万相		视频生成第一
智谱清言		文档归纳第一

▶▶▶ 4.2.1　DeepSeek

2024 年 12 月 26 日，深度求索公司（见图 4-3）发布了全新一代大模型 DeepSeek-V3。在多项基准测试中，DeepSeek-V3 的性能均超越了其他开源模型，甚至与顶尖的闭源大模型 GPT-4o 不相上下，尤其在数学推理上，DeepSeek-V3 更是遥遥领先。DeepSeek-V3 以多项开创性技术大幅提升了模型的性能和训练效率。DeepSeek-V3 在性能比肩 GPT-4o 的同时，研发却只花费 558 万美元，训练成本不到后者的二十分之一。因为表现太过优越，DeepSeek 在硅谷被誉为"来自东方的神秘力量"。2025 年 1 月 20 日，DeepSeek-R1 正式发布，其拥有卓越的性能，在数学、代码和推理任务上可与 OpenAI o1 媲美。DeepSeek-R1 采用大规模强化学习技术，仅需少量标注数据即可显著提升模型性能，为大模型训练提供了新思路。2025 年 1 月 28 日，深度求索公司发布了文生图模型 Janus-Pro，在多模态理解和文本到图像的指令跟踪功能方面都取得了重大进步，同时增强了文生图的稳定性。在 GenEval

基准测试和 DPG-Bench 基准测试中，Janus-Pro 的准确率测试结果分别为 80% 和 84.2%，高于包括 OpenAI DALL-E 3 在内的其他对比模型。

图 4-3　深度求索公司标志

　　DeepSeek 的核心竞争力在于其在算法上的突破。通过结合深度学习、强化学习等前沿技术，深度求索公司成功开发出一系列高效、精准的大模型。这些大模型在自然语言处理、计算机视觉、语音识别等领域展现出卓越性能，尤其是在复杂场景下的理解和推理能力上实现了显著提升。深度求索公司通过优化算法设计和硬件配置，大幅降低了大模型的计算需求，从而降低了 AI 技术的使用门槛，使得大模型进入"普惠化"和"平民化"时代。DeepSeek 新版本在 2025 年春节期间发布以后迅速火遍全球，只用 7 天时间用户数就突破了 1 亿，成为全球最快增长 1 亿用户的超级产品（见图 4-4）。

图 4-4　超级产品增长 1 亿用户所用的时间

▶▶▶ 4.2.2　通义千问

　　通义千问是阿里云推出的一个超大规模的语言模型，它具备多轮对话、文案创作、逻辑推理、多模态理解、多语言支持的能力。通义千问这个名字有"通义"和"千问"两层含义，"通义"表示这个模型能够理解各种语言的含义，"千问"则表示这个模型能够回答各种问题。通义千问基于深度学习技术，通过用大量文本数据进行训练，具备了强大的语言理解和生成能力。它能够理解自然语言，并能够生成自然语言文本。同时，通义千问还具备多模态理解能力，能够处理图像、音频等多种类型的数据。通义千问的应用范围非常广泛，包括智能客服、智能家居、移动应用等多个领域。它可以与用户进行自然语言交互，帮助用户解决各种问题，提供相关的知识和信息。同时，通义千问还可以与各种设备和应用进行集成，为用户提供更加便捷的服务。

▶▶▶ 4.2.3　豆包

字节跳动的豆包大模型是一个多模态大模型家族，包括通用、语音识别、语音合成等多种模型。它日均处理 1200 亿个 Token 文本，生成 3000 万张图片，通过火山引擎对外提供服务。该模型广泛应用于企业智能化转型，助力多行业场景落地，是字节跳动在人工智能领域的重要布局。

▶▶▶ 4.2.4　Kimi

Kimi 是北京月之暗面科技有限公司于 2023 年 10 月 9 日推出的一款智能助手。Kimi 主要有 6 项功能：长文总结和生成、联网搜索、数据处理、编写代码、用户交互、翻译。主要应用场景为翻译和理解专业学术论文、辅助分析法律问题、快速理解 API 开发文档等，是全球首个支持输入 20 万汉字的智能助手产品。

▶▶▶ 4.2.5　文心一言

文心一言是由百度研发的知识增强大模型，能够与人对话互动、回答问题、协助创作，高效便捷地帮助人们获取信息、知识和灵感。文心一言基于飞桨深度学习平台和文心知识增强大模型，持续从海量数据和大规模知识中融合学习，具备知识增强、检索增强和对话增强的技术特色。文心一言具有广泛的应用场景，还可以与各种设备和应用进行集成，如智能音箱、手机 App 等，为用户提供更加便捷的服务。文心一言在深度学习领域有着重要的地位，它代表了人工智能技术的前沿水平，是百度在人工智能领域持续投入和创新的成果。

▶▶▶ 4.2.6　讯飞星火

讯飞星火是科大讯飞发布的一款强大的人工智能模型。它具有多种核心能力，包括文本生成、语言理解、知识问答、逻辑推理、数学、代码及多模态能力。这些能力使得讯飞星火能够处理各种复杂的语言任务，并为用户提供准确、高效的服务。在数据收集和处理方面，讯飞星火采用了先进的技术和算法，能够快速处理大量的数据，并从中提取有用的信息。这使得它能够更好地理解和处理复杂的语言，提高人机交互的效率和准确性。在应用方面，讯飞星火已经被广泛应用于多个领域，如自然语言处理、计算机视觉、智能客服等。通过与各领域的专业知识和经验相结合，讯飞星火能够提供更加精准和个性化的服务，提高各行各业的工作效率和质量。此外，讯飞星火还注重可解释性和公平性。通过改进算法和技术，它能够提供更加清晰和准确的决策依据，减少偏见和不公平现象。同时，它还具备强大的自适应学习能力，能够不断适应新的任务和环境，提高自身的性能和表现。

▶▶▶ 4.2.7 腾讯混元

腾讯混元是由腾讯全链路自研的通用大语言模型，具备强大的中文创作能力、复杂语境下的逻辑推理能力以及可靠的任务执行能力。该产品的优势如下。

（1）多轮对话：具备上下文理解和长文记忆能力，能流畅完成各专业领域的多轮问答。

（2）内容创作：支持文学创作、文本概要和角色扮演。

（3）逻辑推理：能准确理解用户意图，基于输入数据或信息进行推理、分析。

（4）知识增强：能有效解决事实性、时效性问题，提升内容生成效果。

▶▶▶ 4.2.8 盘古大模型

盘古大模型是华为云推出的一个大语言模型，旨在提供更加智能化、高效化的语言交互体验。它基于深度学习技术，通过用大量文本数据进行训练，具备了强大的语言理解和生成能力。盘古大模型采用了先进的架构和技术，包括 Transformer、BERT 等架构，以及注意力机制、自注意力机制等先进的人工神经网络技术。它还采用了多模态学习技术，能够处理文本、图像、音频等多种类型的数据。这使得它能够更好地理解和处理复杂的语言，提高人机交互的效率和准确性。盘古大模型的应用范围非常广泛，可以应用于智能客服、智能家居、移动应用等多个领域。

4.3 中美两国在大模型领域的竞争

中美两国在大模型领域的竞争已成为全球人工智能技术发展的焦点，既涉及技术创新与产业应用的角力，也折射出国家科技战略的深层次博弈。

首先，美国有领先优势。大模型的多项关键技术，如 Transformer 架构、RLHF 等，多源于美国的实验室。GPU 是大模型训练最重要的硬件设施，大模型的出现，就是堆叠大量 GPU 算力以后"大力出奇迹"的结果。而美国在 GPU 制造领域拥有显著的优势。英伟达 H100(见图 4-5)和英伟达 H200 GPU 占据全球 95% 的高端芯片市场，支撑 OpenAI、Meta 等公司持续迭代模型。Hugging Face 平台汇聚全球半数以上的开源模型，PyTorch 框架有很高的开发者使用率。美国为了保住自己的领先优势，不断加大对中国发展人工智能的遏制力度。2023 年 10 月，美国升级芯片禁令，限制 A800/H800 对华出口，迫使中国企业转向国产 GPU 算力堆叠。美国对 7 nm 以下制程高端光刻机设备的封锁，使中国大模型训练成本增加 3 ～ 5 倍。

图 4-5　用于大模型训练的英伟达 H100

其次，中国正在加速追赶，努力突破美国封锁。我国 GPU 研发近年来取得显著进展，华为、景嘉微、沐曦、摩尔线程等企业不断发力，已实现国产替代的重要突破，可满足部分对图形处理有较高要求的应用场景。其中，华为昇腾 910B 芯片算力已达英伟达 A100 的 80%。在大模型方面，百度的文心大模型 4.0 在中文理解任务上超越 GPT-4，DeepSeek-R1 的推理能力追平 OpenAI o1。2025 年 2 月 1 日，硅基流动和华为云联合发布并上线基于华为云昇腾 AI 云服务的 DeepSeek-R1/V3 推理服务，获得持平全球高端 GPU 部署大模型的效果，这标志着国内大模型开始从软件到硬件实现全面国产化。

4.4　大模型工具的"幻觉"问题

大模型幻觉，也被称为 AI 幻觉，是指大模型在生成内容时，出现与事实不符、逻辑错误或无中生有等现象。比如，在提及历史事件时，大模型可能会编造不存在的细节或人物；在进行科学知识讲解时，大模型可能给出错误的理论或数据。其产生原因主要包括：①大模型训练数据存在偏差、不完整或错误，导致在学习过程中引入了不准确的信息；②大模型基于概率分布生成内容，在某些情况下会选择一些看似合理但实际错误的路径。

这里给出一个例子介绍大模型幻觉的具体表现。假设我们有一个训练好的大语言模型，用于回答历史问题。当被问到"美国第一任总统是谁"时，大模型很可能会正确回答"乔治·华盛顿"，因为在它所学习的大量文本数据中，"美国第一任总统是乔治·华盛顿"这个表述出现的概率非常高。然而，当问题变得稍微复杂一些，比如"美国第一任总统华盛顿在其任内是否访问过中国"，这时，大模型可能就会出现"幻觉"。从历史事实来看，华盛顿任内并没有访问过中国，当时的交通和国际关系等条件也不允许这样的访问发生。但是，大模型基于它所学习的关于华盛顿的一般性信息和一些关于国际关系、外交访问的词汇的组合概率，可能会生成一些看似合理但实际错误的回答。例如，它可能会回答"华盛顿在任内曾派遣使者访问中国，促进了两国之间的交流"。这是因为在模型的训练数据中，可能存在一些关于其他美国总统派遣使者进行外交访问的信息，以及华盛顿与一些国际事务相关的表述。基于概率分布，大模型对这些相关信息进行了组合，选择了一条看似合理但不符合历史事实的路径来生成回答。它没有真正理解历史事件的具体背景和因果关系，只是根据词汇和语句的出现概率来生成内容，从而产生了"幻觉"。这种情况在大模型处理复杂的、需要深入理解语义和背景知识的问题时较为常见。

从上面的描述可以看出，大模型的底层工作机制（即基于概率分布生成内容）导致了"幻觉"的产生。那么，大模型是如何基于概率分布来生成内容的呢？这里再给出一个解释大模型基于概率分布生成内容的例子。假设我们有一个训练好的大语言模型，我们输入"天空是"这几个字，让大模型来生成后续内容。在大模型所学习的大量文本数据中，"天空是蓝色的"这种表述出现的频率较高，所以，大模型有很大概率会生成"蓝色的"。因为，从它所统计的概率来看，"天空是"后面接"蓝色的"是一种常见的组合。但是，如果大模型在训练过程中也接触到了很多对不同天气下天空颜色的描述，如"天空是灰色的（阴天时）""天空是橙红色的（日落时）"等内容，那么，当我们输入"天空是"时，它也有可能根据这些描述出现的概率来生成其他的结果。例如，在某些情况下，它可能生成"灰色的"，这是因为在与阴天相关的文本中，"天空是灰色的"这种表述也占有一定的比例。再如，当我们输入"我喜欢吃"时，大模型可能会根据概率分布生成"苹果"，因为"我喜欢吃苹果"在日常文本中是一个很常见的句子。但是，如果大模型训练数据中各种食物被提及的频率较为平均，那么它也可能生成"香蕉""巧克力"或其他食物名称，具体生成什么，取决于这些词汇在"我喜欢吃"这个语境下出现的概率。从这个例子可以看出，大模型是基于训练数据中各种词汇和语句组合出现的概率来生成内容的，它会根据输入的上下文，选择在概率分布中最有可能出现的后续内容进行输出。既然是按照概率分布去生成内容，那么，当大模型根据当前内容去预测下一个单词时，大概率是会预测正确的，但也有小概率会预测错误。当预测错误时，生成的内容就和客观事实不符，这就是"幻觉"。

图 4-6 所示为目前主流大语言模型的非幻觉率排行榜，这里的"非幻觉率"是指大模型生成的回答中不包含幻觉的比例，即回答真实、准确并与正确答案一致的内容所占的比例。从中可以看出，百度文心一言（ERNIE 4.0 Turbo）回答用户问题的准确率最高，达到了 83%，这意味着仍有 17% 的回答是假的或错的。DeepSeek-R1 回答问题的准确率只有 65%，也就是说，有高达 35% 的回答是假的或错的。

大模型幻觉会影响信息的准确性和可靠性，在信息传播、学术研究等领域可能带来不良影响。因此，在使用大模型时，需要人工对其输出内容进行仔细验证和甄别。

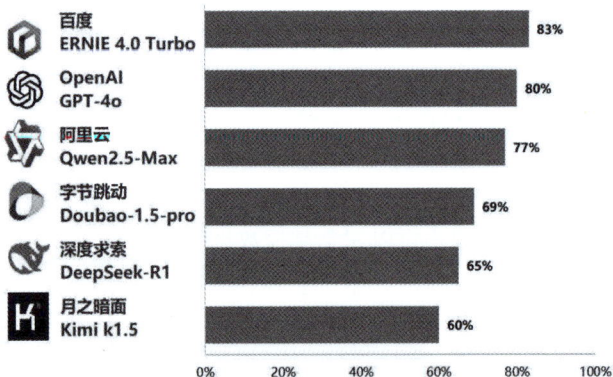

图 4-6　主流大语言模型非幻觉率排行榜

第5章
本地部署大模型

一般而言，DeepSeek、文心一言、豆包、Kimi 等在线大模型功能非常强大，完全可以满足我们的需求。所以，大多数情况下，我们不需要在本地部署大模型。但是，当我们需要保护数据隐私时，就可以考虑在本地部署大模型。

本章首先介绍为什么需要本地部署大模型和本地部署大模型的成本，其次介绍 DeepSeek 大模型一体机以及如何在本地部署 DeepSeek 大模型，最后介绍模型微调和本地知识库。

5.1 为什么需要本地部署大模型

和直接使用在线大模型（如 DeepSeek、豆包、Kimi、文心一言等）相比，在本地部署大模型具有以下优势。

1. 数据隐私与安全性

（1）数据本地存储：所有数据运算和存储均保存在本地，数据不会上传至云端，有效避免了数据在传输和云端存储过程中可能带来的隐私泄露风险。

（2）完全掌控数据：用户可以完全掌控数据的使用和存储，确保数据不被未经授权的访问或用于其他目的。

（3）隐私保护机制：支持访问权限控制，进一步增强数据安全性。

2. 定制化与灵活性

（1）自定义知识库训练：用户可以根据自己的需求对模型进行自定义知识库训练，进一步提升模型在特定领域的性能。

（2）灵活调整模型参数：用户可根据业务需求灵活调整模型参数和功能，满足不同场景下的个性化需求。

（3）开源灵活性：开源模型通常允许用户无限制地进行微调或将其集成到自己的项目中。

3. 离线与高效使用

（1）离线访问：本地部署后，使用大模型无须连接网络，适合旅行或网络不稳定的场景，即随时随地可用。

（2）避免服务器繁忙：用户再也不用担心"服务器繁忙"的问题，使用体验提升。

4. 成本与资源优化

（1）成本可控：长期使用本地部署大模型比云服务更经济，尤其适合高频调用场景。

（2）硬件友好：对硬件资源要求较低，可在较少 GPU 或高级 CPU 集群上运行，资源效率提升显著。

5. 避免使用限制

本地部署避免了可能出现的使用限制，不受未来商业化影响，用户可永久免费使用大模型。

通过本地部署大模型，用户不仅能够享受强大的 AI 功能，还能在数据隐私、定制化需求和使用成本等方面获得显著优势。

5.2 本地部署大模型的成本

DeepSeek-R1 本地部署的成本因部署方案和硬件配置而差异较大，具体可分为以下三类情况。

1. 企业级满血版（6710 亿参数）部署

企业级满血版 DeepSeek-R1 的参数规模是 671 B（Billion，十亿，大模型参数的数量单位），其本地部署的主要成本如下。

（1）硬件采购成本：服务器集群（含 8 块 NVIDIA A100/H100 显卡）的成本80 万～ 120 万元，配套设备（液冷系统、冗余电源等）的成本 15 万～ 25 万元。

（2）运维成本：在电费方面，满载功耗约 6000 W，年电费 5 万～ 8 万元（按工业电价计算）。在维护方面，专业工程师团队年成本 30 万～ 50 万元。

2. 个人开发者方案

（1）量化版（70 B 参数，4bit）部署。大模型的量化版通过降低模型参数的数值精度（如将 32bit 浮点数转换为 8bit 整数），实现模型压缩和推理加速。这种技术通过牺牲少量精度换取更小的存储需求和更高的计算效率，使大模型能在资源受限的设备上运行。一般采用单卡配置，需要 NVIDIA RTX 4090 显卡（约 1.8 万元）和 128 GB 内存（约 0.6 万元），总成本 2.5 万～3 万元（含整机配置）。

（2）蒸馏版（32 B 参数）部署。简单来说，大模型的蒸馏版就是将一个复杂的大模型（教师模型）的知识迁移到一个较小的模型（学生模型）中。就像教师把自己渊博的知识传授给学生，让学生能够在资源有限的情况下，尽可能地表现出和教师相似的能力。一般采用双卡配置，包括 2 块 NVIDIA RTX 3090 显卡（约 2.4 万元）和 64GB 内存（约 0.3 万元），总成本 3 万～4 万元。

3. 云服务方案

以租赁华为云服务为例，一般采用按需付费的方式，搭载 8 块 NVIDIA A100 显卡约 58 元／小时。如果采用包月套餐，费用 3.5 万～4 万元／月（含模型调用权限）。

表 5-1 给出了三种方案的费用对比。

表 5-1　三种方案的费用对比

方案	初始投入	年运维成本	适用场景
企业级满血版	95 万～145 万元	35 万～58 万元	大型机构／科研中心
个人量化版	2.5 万～3 万元	0.5 万～1 万元	开发者／小型团队
华为云租赁	0 元（按需付费）	3.5 万～4 万元每月	短期项目／临时需求

5.3　DeepSeek 大模型一体机

DeepSeek 大模型一体机，旨在为用户提供"开箱即用"的 AI 大模型体验，用户免去了复杂的安装和调试过程。这一创新方案不仅简化了 AI 应用的部署流程，还极大地降低了 AI 技术的使用门槛，更为用户提供了高效、便捷的智能化转型路径。

DeepSeek 大模型一体机具有以下特点。

（1）全尺寸模型支持：提供 1.50 亿参数轻量版至 6710 亿参数超大规模模型的灵活调用，满足边缘端轻量化推理与云端复杂训练的双重需求，支持模型蒸馏与定制化开发，助力用户"按需取用"。

（2）动态资源调度：通过智能算力管理引擎，实现 CPU、GPU 等异构资源的动态分配，提升资源利用率，降低算力闲置成本。

（3）行业场景深度适配：内置政务公文写作、金融合同审核、工业质检、智能客服等多种垂直场景解决方案，结合 API 服务快速对接用户现有系统。

（4）数据安全与本地化部署：支持私有化部署至用户本地环境，确保金融、政府等高敏感行业的数据主权，符合国家信创安全标准。

（5）全生命周期管理：从数据集管理、模型微调、日志监控到自动化运维，提供端到端的技术支持，降低用户 AI 应用的长期运营成本。

目前国内厂商提供的 DeepSeek 大模型一体机解决方案如下。

- 天玑科技：PriData 超融合一体机。
- 深信服：一朵云。
- 海康威视：文搜存储系列产品。
- 大华股份：大华神算。
- 浪潮信息：DeepSeek "推理一体机"。
- 中国长城：长城擎天 GF7280 V5 AI 训推一体机。
- 中科曙光：曙光 DeepSeek 人工智能一体机。
- 优刻得：DeepSeek 满血版大模型一体机。
- 云从科技：从容大模型训推一体机。
- 天融信：融信 DeepSeek 安全智算一体机。
- 新致软件：新致信创一体机。
- 软通动力：DeepSeek 应用方案一体机。
- 科大讯飞："星火 +DeepSeek" 双引擎一体机。
- 拓维信息：拓维信息智能数据标注一体机。
- 协创数据：Fcloud DeepSeek 满血版一体机。
- 麒麟信安：麒麟信安全国产化智算一体机。
- 亚康华创科技：D-BOX Pro 桌面级智能一体机。
- 华为昇腾：昇腾 DeepSeek 推理一体机。
- 联想集团：智能体一体机与训推一体服务器。
- 钉钉科技：专属 AI 一体机。
- 新华三：DeepSeek 智能一体机。
- 宝得：DeepSeek 一体化智能设备。
- 中国电信：息壤智算一体机 DeepSeek 版。
- 中国移动：智算一体机 DeepSeek 版。

- 中国联通：DeepSeek 一体机。
- 柏飞电子：DeepSeek 加固式一体机。
- 京东云：DeepSeek 大模型一体机。
- 华能振宇：天巡 DeepSeek 大模型一体机。
- 昆仑技术：DeepSeek 本地化部署一体机。
- 百度：百舸 DeepSeek 一体机。
- 黄河信产：黄河 DeepSeek 一体机。

5.4 本地部署 DeepSeek-R1 大模型

▶▶▶ 5.4.1 DeepSeek-R1 简介

需要说明的是，大模型的训练过程需要耗费大量的计算资源（如投入上亿元构建计算机集群来训练大模型），训练成本较高，个人是无法承担的。但是，将训练得到的大模型部署到计算机上，就没有那么高的计算资源要求。即使如此，在 DeepSeek-R1 出现之前，市场上的很多大模型产品是"贵族"模型，通常需要依赖高端的硬件，配置大量的 GPU，普通个人计算机一般很难运行大模型。2025 年 1 月 20 日，DeepSeek-R1 大模型正式发布，它是一个基于深度学习的推荐系统模型，通常用于处理推荐任务，如商品推荐、内容推荐等。DeepSeek-R1 的发布，标志着大模型产品的"平民"时代已经到来，它大大降低了对计算机硬件的要求，可以部署在普通的个人计算机上，甚至部署在手机等便携式设备中。Deepseek-R1 采用了较为简洁、高效的模型架构，去除了一些不必要的复杂结构和计算，在保证模型性能的基础上，降低了对计算资源的需求，使模型在本地计算机上的运行更加轻松。通过先进的量化压缩技术，Deepseek-R1 对模型的参数进行压缩存储和计算，大大减少了模型所需的存储空间和计算量。2025 年 1 月 30 日，微软宣布支持在 Windows 11 操作系统上本地运行 DeepSeek-R1 大模型。

DeepSeek-R1 对硬件资源比较友好，对不同硬件配置有良好的适应性，能根据用户计算机的硬件配置选择合适的版本。入门级设备拥有 4 GB 内存和核显就能运行 1.5 B 参数版本，进阶设备 8 GB 内存搭配 4 GB 显存就能驾驭 7 B 参数版本，高性能设备则可选择 32 B 参数版本。而且，DeepSeek-R1 支持低配置计算机，即使没有独立显卡，只要有足够的剩余硬盘空间，也能完成部署。

DeepSeek-R1 本地部署能将所有数据运算都限制在本地，数据不会上传至云端，可有效避免数据传输和存储在云端可能带来的隐私泄露风险，满足用户对数据安全和隐私保护的要求。DeepSeek-R1 还可以满足定制需求，用户可以根据自己的需求对模型进行自定义知识库训练，进一步提升模型在特定领域的性能。

▶▶▶ 5.4.2　在本地计算机部署 DeepSeek-R1

本节将详细介绍如何通过 Ollama 工具和 Open WebUI 平台在本地计算机上部署 DeepSeek-R1 大模型。本地计算机至少需要 8GB 内存和 30GB 剩余磁盘空间。

1. 安装 Ollama

Ollama 是一个开源的本地化大模型部署工具，旨在简化大语言模型的安装、运行和管理。它支持多种模型架构，并提供与 OpenAI 产品兼容的 API，适合开发者和企业快速搭建私有化 AI 服务。

访问 Ollama 官网，单击 "Download" 按扭（见图 5-1），根据本机操作系统（Windows、macOS 或 Linux）下载对应的安装包（见图 5-2），比如，Windows 用户可以单击 "Windows" 图标，然后单击 "Download for Windows" 下载安装包。需要注意的是，对于 Windows 操作系统，这里的安装包仅支持 Windows 10 及以上版本。

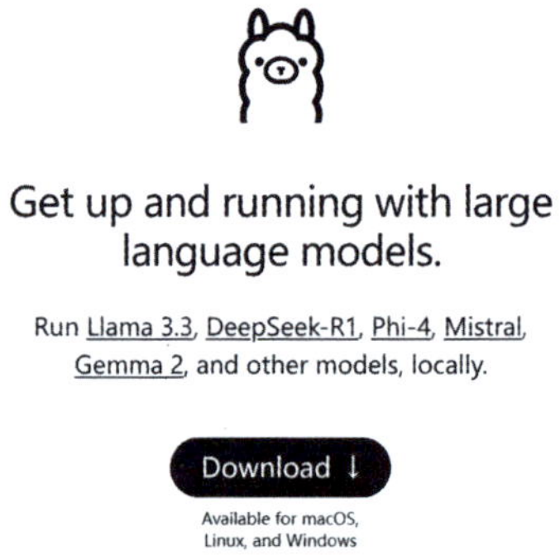

Get up and running with large
language models.

Run Llama 3.3, DeepSeek-R1, Phi-4, Mistral,
Gemma 2, and other models, locally.

Download ↓

Available for macOS,
Linux, and Windows

图 5-1　Ollama 官网

Download Ollama

macOS　　Linux　　Windows

Download for Windows

Requires Windows 10 or later

图 5-2　根据本机操作系统下载对应的安装包

下载完成以后，双击安装包文件 OllamaSetup.exe 完成安装。安装完成后，在 Windows 操作系统中，右键单击"开始"菜单按钮，在弹出的快捷菜单中选择"运行"，再在弹出的对话框中输入"cmd"并按回车键，打开 cmd 命令行窗口，输入以下命令验证是否安装成功：

```
ollama --version
```

显示 Ollama 版本号说明安装成功（见图 5-3）。

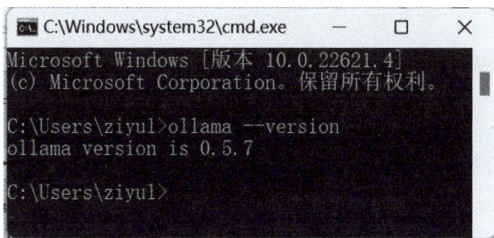

图 5-3　显示 Ollama 版本号

2. 下载 DeepSeek-R1

Ollama 已经在第一时间支持 DeepSeek-R1，请根据自己的显存大小选择对应的 DeepSeek-R1 版本，建议选择参数较少、体积最小的 1.5B 版本（如果计算机的配置较高，也可以选择参数较多的版本）。我们可以不去下载网页手动下载，只需要在 cmd 命令行窗口中执行如下命令，就可以自动下载 DeepSeek-R1 大模型：

```
ollama run deepseek-r1:1.5b
```

执行该命令会自动下载并加载模型，下载时间取决于网络速度和模型大小。注意，如果下载出现长时间停滞，可以按几次回车键。

下载完成后，可以使用以下命令查看大模型信息：

```
ollama list
```

执行该命令会列出本地已下载的大模型及其状态。

3. 运行 DeepSeek-R1

可以在 cmd 命令行窗口中执行如下命令来启动 DeepSeek-R1 大模型：

```
ollama run deepseek-r1:1.5b
```

启动后，大模型会进入交互模式，用户可以直接输入问题并获取回答。

在交互模式下，可以测试 DeepSeek-R1 的多种功能。

· 智能客服：输入常见问题，如"请问如何学习人工智能"（见图 5-4）。

- 内容创作：输入"请为我撰写一篇介绍沙县小吃的宣传文案"。
- 编程辅助：输入"用 Python 绘制一个柱状图"。
- 教育辅助：输入"解释牛顿第二定律"。

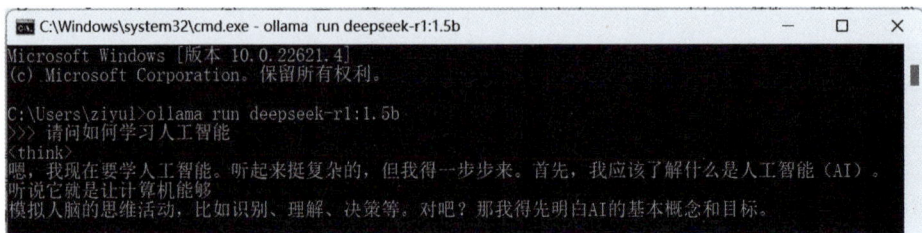

图 5-4　使用 cmd 命令行窗口与 DeepSeek-R1 大模型对话

cmd 命令行窗口关闭以后，DeepSeek-R1 大模型就停止运行了。下次使用时，需要再次在 cmd 命令行窗口中执行如下命令来启动 DeepSeek-R1 大模型：

```
ollama run deepseek-r1:1.5b
```

这样以命令行的形式与大模型对话显然不太方便，因此，下面介绍如何通过浏览器来与大模型对话，这里需要安装 Open WebUI 平台。由于 Open WebUI 依赖于 Python 环境，因此，在安装 Open WebUI 之前，需要先安装 Python 环境（注意，只是需要安装 Python 环境，并不需要学习 Python 语言，读者可以完全不会 Python 语言，大模型的安装和使用过程完全不会用到 Python 语言）。如果读者没有使用浏览器与大模型对话的需求，可以忽略下面的安装步骤。

4. 安装 Python

Python 是 1989 年由荷兰人吉多·范罗苏姆（Guido van Rossum）发明的一种面向对象的解释型高级编程语言。Python 的第一个公开发行版于 1991 年发行，在 2004 年以后，Python 的使用率呈线性增长，并获得"2021 年 TIOBE 最佳年度语言"称号，这也是 Python 第 5 次被评为"TIOBE 最佳年度语言"，它也是获奖次数最多的编程语言。发展到今天，Python 已经成为最受欢迎的程序设计语言之一。

Python 可以用于多种操作系统，包括 Windows、Linux 和 macOS 等。这里使用的 Python 版本是 3.12.2（该版本于 2024 年 2 月 6 日发布），不要安装最新的 3.13 版本。请到 Python 官网下载与本机操作系统匹配的安装包，比如，64 位 Windows 操作系统可以下载 python-3.12.2-amd64.exe。双击安装包文件开始安装，在安装过程中，要注意选中"Add python.exe to PATH"复选框，如图 5-5 所示，这样可以在安装过程中自动配置 PATH 环境变量，避免手动配置的烦琐过程。

图 5-5　设置 PATH 环境变量

然后单击"Customize installation"继续安装，在选择安装路径时，可以自定义安装路径，如将安装路径设置为"C:\python312"，并在"Advanced Options"区域中选中"Install Python 3.12 for all users"复选框，如图 5-6 所示。

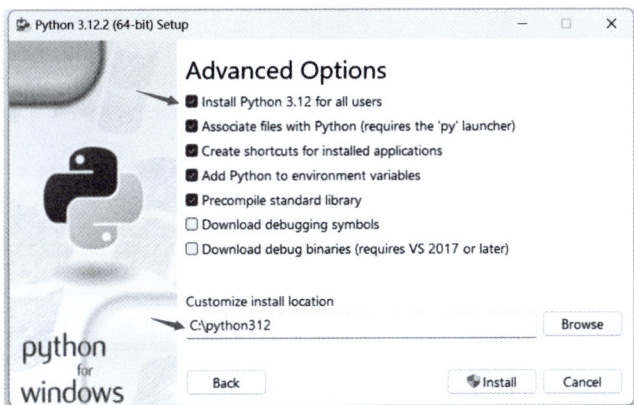

图 5-6　设置安装路径

安装完成以后，需要检测是否安装成功。可以打开 Windows 操作系统的 cmd 命令行窗口，然后执行如下命令打开 Python 解释器：

```
cd C:\python312
python
```

出现图 5-7 所示的信息说明 Python 已经安装成功。

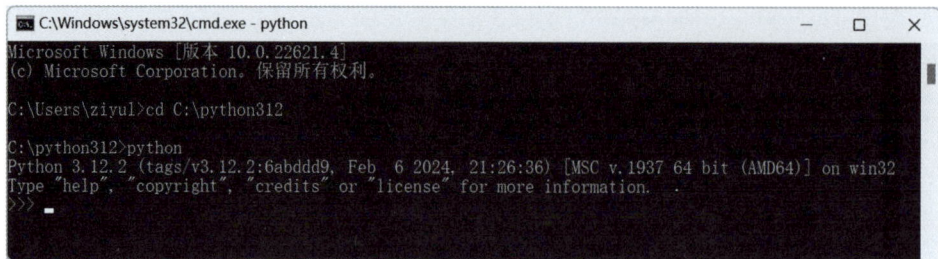

图 5-7　Python 安装成功

5. 安装 Microsoft Visual C ++ Build Tools

在一些计算机环境中，本步骤可能不是必需的。读者可以先跳到第 6 步，如果在第 6 步遇到报错信息 "缺少 Microsoft Visual C++ Build Tools"，则回到本步骤安装 Microsoft Visual C++ Build Tools，然后执行第 6 步的安装。可以到微软官网下载 Microsoft Visual C++ Build Tools 安装包 vs_BuildTools.exe。

下载完成以后，双击安装包文件 vs_BuildTools.exe 进行安装，在弹出的安装界面（见图 5-8）中，选中"使用 C++ 的桌面开发"复选框，然后单击界面右下角的"安装"按钮，完成安装。

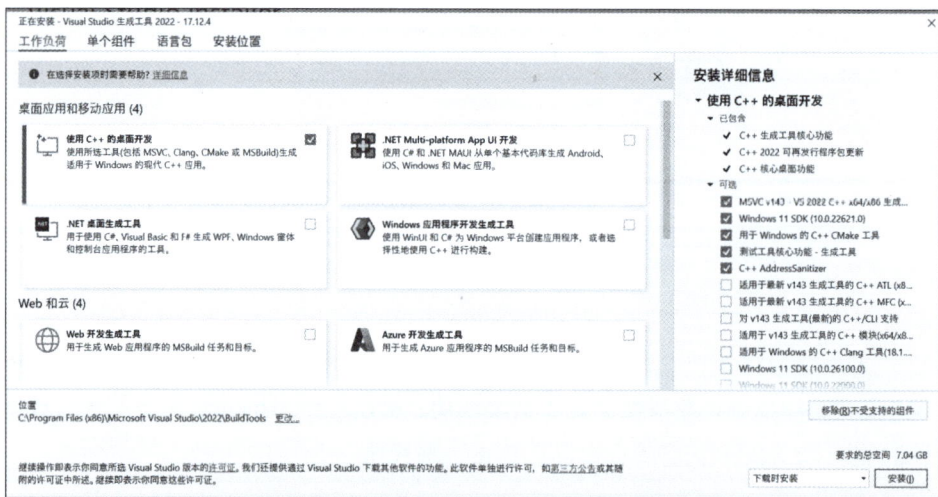

图 5-8　Microsoft Visual C++ Build Tools 安装界面

6. 使用 Open WebUI 提升交互体验

读者可以选择任何支持 Ollama 的 WebUI（Web User Interface，网页用户界面），如 Dify、AnythingLLM 等。这里我们使用比较简单而且与 Ollama 结合比较紧密的 Open WebUI。

读者可以在 cmd 命令行窗口中执行如下命令来安装 Open WebUI（这里使用清华大学的安装源镜像，这样可以加快安装速度）：

```
pip install open-webui -i https://pypi.tuna.tsinghua.edu.cn/simple
```

注意，如果在下载时出现长时间停滞，可以按几次回车键。

执行如下命令启动 Open WebUI：

```
open-webui serve
```

启动后，在浏览器中访问 http://localhost:8080/ 即可打开 Open WebUI 界面。如果网页显示"拒绝连接"，无法访问 Open WebUI 界面，一般是由于你的计算机开启了 Windows 防火墙，可以打开"Windows 安全中心"，单击左侧的"防火墙和网络保护"，在右侧的"域网络"中关闭防火墙（见图 5-9）。

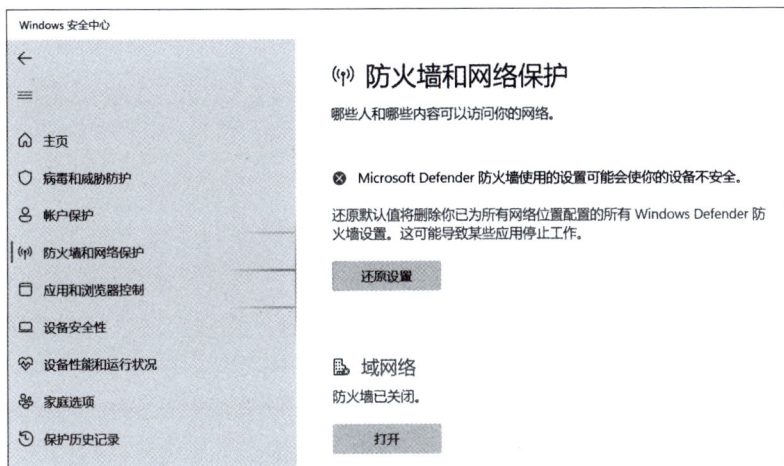

图 5-9　关闭 Windows 防火墙

Open WebUI 支持中文界面，用户可以在设置中调整语言，默认使用 Windows 操作系统当前正在使用的语言。注册管理员账号（见图 5-10）后，就可以开始使用 Open WebUI 了。

在 Open WebUI 界面中，选择已下载的 DeepSeek-R1 大模型，即可开始对话测试。如图 5-11 所示，可以在提示词输入框中输入"请介绍如何学习人工智能"，然后按回车键，界面中就会显示 DeepSeek-R1 的回答（见图 5-12）。

7. 每次使用大模型的步骤

我们每次使用完大模型，只需关闭 cmd 命令行窗口，大模型就停止运行了。下次要使用时，还是按照上述步骤进行操作。

图 5-10　注册管理员账号

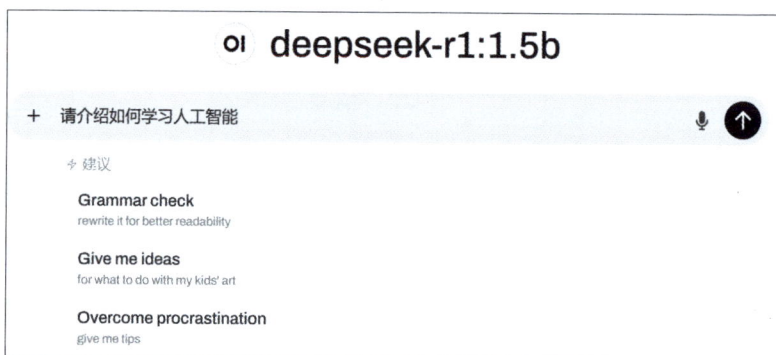

图 5-11　使用浏览器与 DeepSeek-R1 大模型对话

图 5-12　DeepSeek-R1 大模型的回答

（1）启动大模型。打开 cmd 命令行窗口，在 cmd 命令行窗口中执行如下命令，可以启动 DeepSeek-R1 大模型：

```
ollama run deepseek-r1:1.5b
```

（2）启动 Open WebUI。打开 cmd 命令行窗口，在 cmd 命令行窗口中执行如下命令启动 Open WebUI：

```
open-webui serve
```

（3）在浏览器中访问大模型。在浏览器中访问 http://localhost:8080/ 即可打开 Open WebUI 界面，开始使用大模型。

8. 禁止 Ollama 开机自动启动

前面我们已经完成了 DeepSeek-R1 大模型的部署，但是，读者会发现，每次计算机关机以后，再次启动计算机时，Ollama 会自动启动，占用计算机系统资源。我们平时不使用 DeepSeek-R1 时，为了不让 Ollama 占用计算机系统资源，需要禁止 Ollama 开机自动启动。

在 Windows 操作系统中，右键单击"开始"菜单按钮，在弹出的快捷菜单中选择"运行"，再在弹出的对话框中输入"msconfig"并按回车键，进入图 5-13 所示的系统配置界面。单击"启动"选项卡标签，在这个选项卡中单击"打开任务管理器"，进入图 5-14 所示的任务管理器界面，在界面中找到"ollama.exe"，右键单击"已启用"，在弹出的快捷菜单中选择"禁用"，然后关闭任务管理器界面。这样设置以后，Ollama 就不会开机自动启动了。下次我们在使用 DeepSeek-R1 时，仍然采用先前介绍的方法，在 cmd 命令行窗口中执行如下命令即可启动 DeepSeek-R1 大模型：

```
ollama run deepseek-r1:1.5b
```

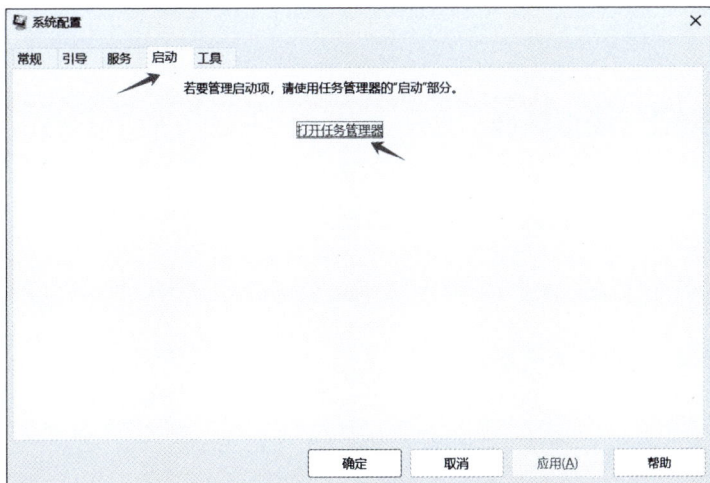

图 5-13　系统配置界面

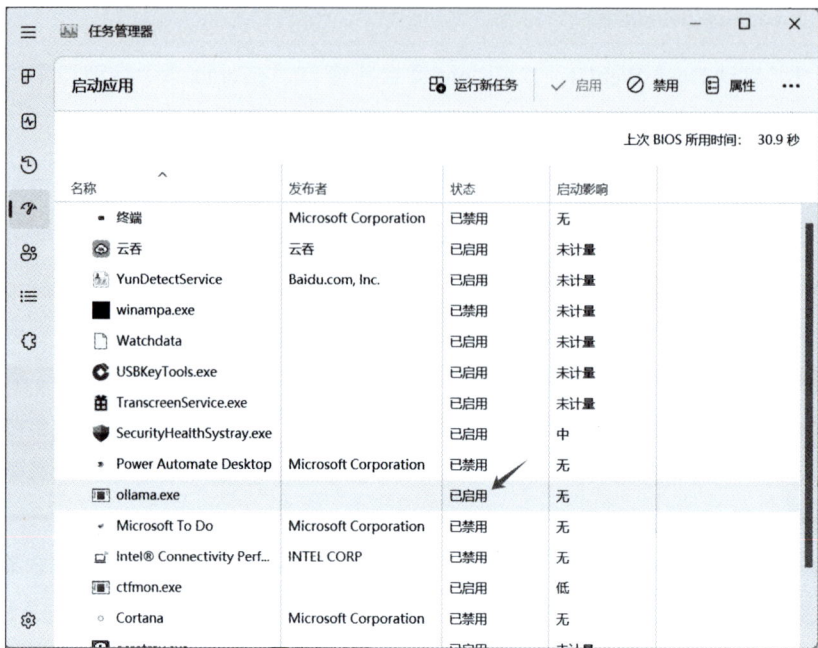

图 5-14 禁止 Ollama 开机自动启动

5.5 模型微调和本地知识库

使用海量数据进行预训练得到的基础大模型,具备广泛的语言理解和生成能力,但在特定任务上的表现往往不够精准。可以采用两种方案来提升大模型在特定任务上的性能,包括模型微调和本地知识库。

5.5.1 模型微调

预训练模型通常是在大规模通用数据集上进行训练得到的,学习到了丰富的通用特征和模式。模型微调则是将预训练模型应用到特定的任务或领域中,通过在较小规模的特定数据集上进行进一步训练,对模型的参数进行微调,使其能够更好地适应特定任务的需求。

模型微调的主要技术特点如下。

(1)领域针对性强:经过微调的模型在特定领域的表现会有显著提升,能够更好地理解和处理该领域的专业问题。

(2)模型适应性优化:通过微调可以使模型更符合特定任务的要求,提高输出的准确性和稳定性。

模型微调的技术要点如下。

（1）高质量的标注数据：标注数据的质量直接影响模型微调的效果，需要确保数据标注的准确性和一致性。

（2）合理的微调策略：应选择合适的微调算法和超参数，避免过拟合或欠拟合。

▶▶▶ 5.5.2　本地知识库

本地知识库可以提升大模型针对特定任务的性能，一般采用 RAG（Retrieval-Augmented Generation，检索增强生成）技术，这是一种结合检索技术和生成模型的技术框架，旨在提升模型生成内容的准确性和相关性。其核心思想是，在生成答案前，先从本地知识库中检索相关信息，再将检索结果与用户输入结合，指导大模型输出更可靠的回答。简单地说，就是利用已有的文档、内部知识生成向量数据库，在用户提问的时候，把用户查询内容和向量数据库的相关内容一起交给大模型，让其回答得更准确。它结合了信息检索和大模型技术。

RAG 的原理如图 5-15 所示。RAG 包含三个主要过程：检索、增强和生成。

（1）检索：根据用户的查询内容，从本地知识库获取相关信息。具体而言，将用户的查询通过嵌入式模型转换为向量，以便与向量数据库中存储的相关知识进行比对。通过相似性搜索，找出与查询最匹配的前 K 个数据。

（2）增强：将用户的查询内容和检索到的相关知识一起嵌入一个预设的提示词模板。

（3）生成：将经过检索、增强的提示词输入大语言模型，以生成所需的输出。

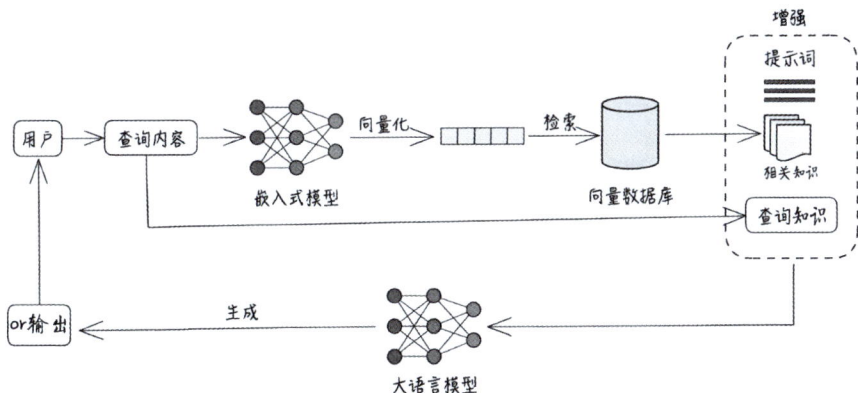

图 5-15　RAG 的原理

之所以需要 RAG，是因为大语言模型本身存在一些局限性。

（1）时效性：大模型的训练是基于截至某一时间点的数据集完成的，这意味着在该时间点之后的任何事件、发现、趋势或数据更新，都不会反映在大模型的知识库中。例如，如果训练数据在2024年底截止，之后发生的事情大模型就都无法了解。另外，大模型的训练涉及巨量的计算资源和时间，导致频繁更新大模型以包括最新信息是不现实的，尤其是在资源有限的情况下。所以，通过RAG补充最新信息是比较经济的可行方案。

（2）覆盖性：虽然大模型的训练数据集非常庞大，但仍可能无法涵盖所有领域的知识或特定领域的深度信息。例如，医学、法律或某些专业的技术问题可能只在特定的文献中被详细讨论，而这些文献可能未被包括在大模型的训练数据集中。另外，一些私有数据集也是没有被包含在训练数据集中的。如果我们问的问题的答案没有包含在大模型的训练数据集中，大模型在回答问题时便会出现"幻觉"，给出的答案也就缺乏可信度。

由于以上局限性，大模型可能会生成虚假信息。为了解决这个问题，需要给大模型外挂一个本地知识库，这样大模型在回答问题时便可以参考本地知识库中的知识，这就是RAG要做的事情。

▶▶▶ 5.5.3 选择模型微调还是本地知识库

模型微调的成本较高，而本地知识库的成本相对较低。选择模型微调还是本地知识库取决于多个因素，下面从数据特性、应用场景、性能需求、资源限制等方面进行分析。

1. 数据特性

（1）数据量：如果有大量与特定任务相关的数据，模型微调可能更合适，因为它可以利用大规模数据进一步优化模型参数，提升性能；而本地知识库通常适用于数据量相对较小、较为精练的情况，将这些关键知识整理到本地知识库中即可快速查询和使用。

（2）数据更新频率：若数据频繁更新，模型微调需要经常重新训练模型，成本较高；此时本地知识库更具优势，可方便地对数据进行添加、修改和删除操作，能更灵活地应对数据的变化。

2. 应用场景

（1）复杂任务与简单任务：对于复杂的认知任务，如复杂的文本生成、多模态任务等，模型微调后的大语言模型通常表现更优，因其能够理解上下文、进行推理和生成较为复杂的内容；而对于简单的问答任务、规则明确的任务，如一些特定领域的事实性查询、简单的分类任务，本地知识库可以帮助大模型快速给出准确答案，效率更高。

（2）个性化需求：如果需要为不同用户提供个性化的服务，模型微调可以通过在用户特定数据上进行训练来实现一定程度的个性化；本地知识库也可以通过配置不同的规则和数据来满足个性化需求，但可能需要更多的人工干预和定制化开发。

3. 性能需求

（1）响应时间：在对响应时间要求极高的场景中，本地知识库通常更具有优势，因为它可以直接查询和返回结果，无须进行复杂的计算；模型微调后的模型在处理实时请求时，可能需要一定的时间来进行推理和生成结果，尤其是大模型，响应时间可能较长。

（2）准确性要求：如果对准确性要求非常高，并且有足够的计算资源和时间进行训练，可以选择模型微调，模型微调通常能够通过学习大量数据中的模式和规律，达到较高的准确性；本地知识库的准确性取决于知识的编写质量和覆盖范围，在一些复杂情况下可能难以满足要求。

4. 资源限制

（1）计算资源：模型微调需要一定的计算资源来进行训练，特别是大模型，可能需要高性能的 GPU 集群。因此，如果计算资源有限，可能无法进行模型微调；而本地知识库对计算资源的要求相对较低，通常可以在普通的服务器或终端设备上运行。

（2）存储资源：模型微调后的大模型可能占用较大的存储空间，尤其是大语言模型；本地知识库的存储需求则相对较为灵活，可以根据实际情况进行优化和调整，通常不会占用过多的存储资源。

在实际应用中，也可以考虑将两者结合使用，例如，先利用模型微调来处理一些复杂的任务和对新数据的学习，再将一些经过验证的知识和规则提取到本地知识库中，以便快速查询和使用，从而充分发挥两者的优势。

第6章
智能体

过去数十年间，AI 已从科幻想象逐步演化成推动科技前沿变革的实际力量。在此过程中，智能体作为 AI 领域的开拓先锋，正以前所未有的速度深刻改变着人们的生活和工作面貌。它们超越了以往 AI 应用的局限，具备了自主学习、决策及执行任务的能力，能在复杂且多变的环境中不断自我优化，以应对复杂度极高的挑战。智能体并非简单的程序代码集合，它展现了卓越的环境感知、决策制定及行动执行能力，拥有自我认知、目标规划及策略灵活调整等高级特性。无论是推动自动化生产的智能机器人，还是优化金融生态的决策算法，智能体的兴起都标志着人类科技发展踏入了一个全新的纪元。

本章首先介绍智能体概述；其次介绍智能体的关键特征、分级、分类；接下来介绍基于大模型的智能体，包含一个智能体搭建实战案例；最后介绍智能体在政府工作、企业和教育领域的应用。

6.1 智能体概述

本节主要介绍什么是智能体以及智能体的发展历程、应用和优势。

>>> 6.1.1 什么是智能体

智能体（AI Agent），又称"AI 代理"，是一种模仿人类智能行为的智能化系统，它就像是拥有丰富经验和知识的"智慧大脑"，能够感知所处的环境，并依据感知结果，自主地进行规划、决策，进而采取行动以达成特定目标。简单来说，智能体能够根据外部输入做出决策，并通过与环境的互动不断优化自身行为。

智能体本身既不是单纯的软件也不是硬件，而是一个更为宽泛的概念，它可以是软件程序、机器人或其他形式的系统，具备一定的自主性和智能性。智能体可以表现为一种软件程序，这种软件程序能够自主感知环境、做出决策并执行行动。它通常运行在计算机或服务器上，通过网络与其他系统或设备进行交互。软件形式的智能体具备灵活性和可扩展性，可以方便地更新和升级功能，以适应不同的应用场景和需求。例如，在智能推荐系统中，智能体软件可以根据用户的反馈和行为数据不断调整推荐策略，以提高推荐的准确性和用户满意度。智能体也可以表现为一种硬件设备，如机器人，这种硬件设备通常集成了传感器、处理器和执行器等组件，能够自主感知环境、进行决策并执行物理动作。硬件形式的智能体具备实体性和交互性，可以直接与环境进行物理交互，并执行各种复杂的任务。例如，在自动驾驶汽车中，智能体硬件设备可以通过感知和决策系统自主导航和驾驶，大大提高了交通的安全性和效率。

软件形式的智能体与传统软件不同，传统软件通常是按照预先设定的规则和指令执行任务，而智能体则具备一定的自主性、适应性、学习能力、智能行为和目标导向性。智能体与传统软件的核心差异体现在以下几个方面。

（1）自主性：智能体具备在没有明确指令引导的情况下自主规划和执行任务的能力；传统软件往往严格遵循预设的程序流程来运行。

（2）适应性：面对环境变化或外部反馈，智能体能够灵活调整其策略和行为，展现出高度的适应性；相比之下，传统软件在应对变化时显得较为僵化，难以做出相应调整。

（3）学习能力：智能体通过机器学习和经验积累，能够持续改进和优化自身性能；传统软件不具备自我学习的能力。

（4）智能行为：智能体能够展示出推理、学习、适应和规划等一系列智能行为，这些行为得益于 AI 技术的应用；传统软件不具备智能行为。

（5）目标导向性：智能体的设计旨在追求和达成特定的目标，它们通过优化行动策略来达到预期的结果；传统软件没有特定的目标。

（6）交互性增强：智能体不仅能够与环境进行交互，还能与其他智能体或人类用户进行有效沟通与合作，这一特性进一步拓宽了它们的应用场景；传统软件只具备有限的交互性。

▶▶▶ 6.1.2　智能体的发展历程

从早期的机械自动机到近期的聊天机器人，科学家和工程师一直在追求能像人类一样智能地工作和行动的 AI 系统。近年来，随着大语言模型、机器学习和自然语言处理等技术的突破，智能体的发展迎来了新的高潮。总体而言，智能体的发展主要经历了以下阶段。

（1）早期探索阶段：早期的 AI 系统主要关注规则和逻辑推理，能够模仿专家在特定领域的决策过程，但缺乏自主性和适应性。这种 AI 系统在医学诊断、财务分析等领域得到了广泛应用，预示了智能体在特定任务中的实用性，并为智能体技术的发展积累了宝贵的经验。

（2）机器学习兴起阶段：随着机器学习的发展，AI 系统开始具备从数据中学习的能力，但仍然主要依赖人工干预。

（3）深度学习突破阶段：深度学习技术的突破，使得 AI 系统能够处理更复杂的任务，如图像识别和自然语言理解。

（4）智能体爆发阶段：近年来，基于大语言模型和强化学习的智能体开始涌现，它们具备更强的自主性、推理能力和执行能力。

（5）多智能体协作阶段：现在，人们开始探索如何构建多模态、多智能体系统，让多个智能体协同工作，解决更复杂的问题。

▶▶▶ 6.1.3　智能体的应用

智能体在多个领域发挥着关键作用，以下是一些典型应用场景。

1. 机器人技术

（1）工业机器人：用于自动化生产线，如焊接生产线、装配生产线。

（2）服务机器人：如家庭清洁机器人（扫地机器人）。

2. 智能交通

（1）自动驾驶汽车：通过感知道路环境，实时做出驾驶决策。

（2）交通管理系统：优化交通信号灯切换时间，减少拥堵。

3. 游戏与娱乐

（1）游戏 AI 角色：如非玩家角色（Non-Player Character，NPC），能够与玩家互动。

（2）虚拟现实（Virtual Reality，VR）：智能体为用户创造沉浸式体验。

4. 智能家居

（1）语音助手：如 Alexa、Google Assistant，用于语音交互和家居自动化。

（2）智能设备：如智能恒温器、智能灯光。

5. 金融领域

（1）自动交易系统：根据市场变化自动买卖股票。

（2）风险评估：用于评估客户的信用风险。

6. 医疗领域

（1）智能诊断系统：通过分析患者病史和症状，提供诊断建议。

（2）医疗机器人：辅助医生完成手术或护理任务。

7. 教育

智能体可以充当学生的专属辅导老师，也可以帮助教师进行教学管理。

▶▶▶ 6.1.4 智能体的优势

智能体的优势主要体现在以下三个方面。

1. 高效性

智能体在处理数据和执行任务方面展现出卓越的高效性。特别是在数据分析领域，面对海量数据，传统人工处理方式往往耗时费力，分析师可能需要花费数周至数月的时间才能完成数据的收集、整理、分析及解读。然而，智能体凭借其强大的计算能力和高效的算法，能迅速处理数以亿计的数据，并在极短时间内筛选出关键信息，揭示数据中的潜在模式和趋势。这种高效性在金融市场的高频交易中尤为显著，智能体能够实时分析市场数据，迅速做出交易决策，抓住稍纵即逝的投资机会，其速度远超人类交易员。此外，在文档处理方面，智能体同样表现出众。智能文档管理系统能够自动识别、分类和整理大量文档，并瞬间完成文档内容的提取和分析。相比之下，人工处理不仅效率低下，还容易出错。

2. 准确性

智能体凭借机器学习与算法优化的能力，极大提升了决策与执行的准确性，有效降低了人为错误的风险。在医疗诊断领域，智能体展现出非凡的潜力，能够全面且深入地分析患者的病历与影像数据。以肺部疾病诊断为例，智能体通过对海量肺部 CT 影像的深度学习，能够精确辨识病变的具体位置、规模及性质，为医生提供宝贵的诊断依据。研究表明，智能体在某些疾病的诊断精确度上，已达到甚至超越了资深医生的水平，显著减少了人为失误或主观判断偏差造成的误诊，为患者及时获得恰当治疗提供了坚实支撑。在工业生产领域，智能体在质量检测方面同样表现出色，能够精准捕捉产品的微小瑕疵。相较于传统人工检测，智能体不受疲劳或注意力分散等因素影响，能始终保持高度专注，从而确保了产品质量的持续稳定。

3. 自适应性

智能体展现出卓越的自适应性，能够依据环境变迁与用户反馈持续学习并调整策略，灵活应对多样场景与任务需求。在智能交通管理场景下，面对瞬息万变的交通状况，智能体实时捕捉交通流量、道路状况等关键信息，据此动态调整交通信号灯时长，优化信号配时策略，有效缓解城市交通拥堵问题。遇突发事件或特殊活动时，智能体能迅速响应，重新规划交通流线，确保道路畅通无阻。而在智能家居环境中，智能体能深度学习用户的生活规律与偏好，灵活调控家居设备运行状态。例如，依据用户的日常作息，智能体预先调控照明、设置空调，为用户打造舒适宜人的居家氛围。随着用户生活习惯的逐步变化，智能体也会持续学习并调整服务策略。

6.2　智能体与 AI 的关系

智能体与 AI 是两个既相关联又各自独立的概念。

AI 旨在通过技术手段赋予机器类似人类的智能能力，包括但不限于学习、逻辑推理、问题解决、自然语言理解、视觉识别及决策制定等。它是一个宽泛的领域，囊括了机器学习、深度学习及自然语言处理等多样化的计算技术与算法。

智能体则是能够感知其所在环境，并通过执行动作来影响该环境的实体。它们可以是物理形态（如机器人），也可以是虚拟存在（如软件代理）。智能体通常有具体的目标或任务，并通过复杂的决策过程来达成这些目标。

AI 的核心在于模仿或再现人类的智能行为，其实现可能依赖于一个或多个智能体的运作。AI 的应用领域极为广泛，涵盖了自动驾驶、语音助手、医学诊断、金融预测等多个方面。相比之下，智能体则聚焦于执行特定任务或解决具体问题。虽然智能体可能基于 AI 构建，但它也可能仅仅是遵循简单或复杂规则运作的系统，而不必依赖 AI 技术。

AI 构成了智能体行为的技术支撑。众多智能体通过应用 AI 技术，提升了其学习、决策及适应能力。智能体可以被视为 AI 的一个应用实例，它们利用 AI 的模型和算法来执行任务、积累学习经验及进行逻辑推理等。例如，AI 领域中的语音识别技术、自然语言处理算法及自动驾驶汽车，都是智能体应用的具体体现；而智能机器人、自动化交易系统、搜索引擎爬虫及虚拟客服等，则是智能体的实际形态。

6.3　智能体的关键特征

智能体的关键特征主要包括以下几个方面。

1. 自主性

智能体能够在没有人类持续干预的情况下独立工作。一旦设定了目标，它们可以自己决定采取哪些行动来实现目标。这一特征使得智能体能够自主规划和执行任务，而不需要人类实时监督或控制。

2. 感知能力

智能体具备感知周围环境的能力，包括虚拟环境、物理环境或者两者的结合。它们能够通过传感器或数据接口获取外部信息，如语音、图像或文本数据等。这种感知能力是智能体进行决策和执行行动的基础。

3. 决策能力

基于获取的信息，智能体能够进行分析并做出决策。这种决策能力使得智能体能够灵活应对复杂多变的环境，选择最优的行动方案。例如，在电商推荐系统中，智能体可以根据用户浏览历史推荐相关商品；在股票交易系统中，智能体可以根据市场波动判断买入或卖出股票。

4. 执行能力

根据决策结果，智能体能采取实际行动。这种执行能力使得智能体能够将决策转化为具体的行动，从而完成任务或达成目标。例如，在机器人操作中，智能体可以控制机械手臂完成包装或装配任务；在智能家居中，它们可以调整空调温度或控制灯光。

5. 适应能力

智能体能够通过学习优化其行为，以适应环境的变化和新的挑战。这种适应能力使得智能体能够在未知或动态环境中自主学习、调整策略并执行复杂任务。例如，在教学助手中，智能体可以根据学生的学习进度调整课程内容和难度；在聊天机器人中，智能体可以学习用户的语言习惯，提供更个性化的服务。

6. 目标导向性

智能体旨在追求特定目标，并优化行动以实现预期结果。这一特征使得智能体能够明确自己的任务和目标，从而有针对性地采取行动。例如，在自动驾驶系统中，智能体的目标是安全、高效地驾驶车辆到达目的地；在财务规划工具中，智能体的目标是自动分析用户的投资目标和风险偏好，动态调整投资组合以达到预期收益。

7. 交互性

智能体可以与环境、其他智能体或人类进行交互。这种交互能力使得智能体能够更好地理解用户需求、与其他系统协同工作，并共同完成任务。例如，在智能客服系统中，智能体可以与用户进行实时对话，解答用户问题并提供反馈；在多智能体协作系统中，多个智能体可以协同工作，解决更复杂的问题。

6.4 智能体的分级

智能体被划分为 6 个级别，这 6 个级别展现了智能体从简单规则执行到完全自主学习和适应的进化路径。每个级别的 AI 能力逐步增强，在实际应用中的潜力也逐步扩展。

L0——无 AI：这一级别的智能体仅仅是简单的工具，具备感知能力与执行能力，但没有决策能力。换句话说，这类工具只能依据预定义的规则行事，缺乏自我学习或适应能力。

L1——使用基于规则的 AI：在这一级别，智能体开始运用一些简单的规则来进行决策，能够根据预定义的程序和规则做出反应，适合处理结构化的问题，但在面对复杂环境时，灵活性和智能性依然有限。

L2——使用基于监督学习与强化学习的 AI：这一级别的智能体能够学习并从环境中获取信息，通过监督学习或强化学习来替代基于规则的决策模型。此类智能体具有更强的推理和决策能力，能够在一定程度上应对复杂的任务。

L3——使用基于大语言模型的 AI：进入这一级别，智能体开始集成大语言模型，进行更深层次的理解与交流，同时加入了记忆与反思模块，因此不仅能执行任务，还可以在执行过程中进行自我评估与学习，从而提升自身能力。

L4——具有自主学习与泛化能力的智能体：这一级别的智能体在 L3 的基础上加入了自主学习与泛化能力，能够在新的、未知的环境中进行适应和学习。这种智能体在多个领域的应用潜力巨大，能够进行更复杂的决策。

L5——具有个性与协作行为的智能体：这是智能体发展的最高阶段，该级别的智能体不仅具备情感和个性特征，还能与其他智能体进行协作。此类智能体在复杂任务的解决中，能够更好地实现资源的最优配置和人机协作。

表 6-1 给出了不同级别智能体的对比，对比维度包括技术手段、性能、能力、关键特性、应用场景等。

表6-1 不同级别智能体的对比

对比维度	L0	L1	L2	L3	L4	L5
技术手段	无AI，仅基于简单的规则和操作	基于规则的AI，完成简单的步骤序列	通过监督学习与强化学习驱动，具有简单推理和决策能力	基于大语言模型，具备意图、行动、推理、决策、记忆与反思的能力	基于大语言模型和工具，具备自主学习、记忆化和推理能力，记忆与反思进一步增强	基于大语言模型与多智能体协作的AI，具备记忆、反思、自主学习和决策能力，情感、个性与协作能力也进一步发展
性能	无AI，无法执行智能行为	等同于未具备技能的初级人类	等同于具备技能的成年人	等同于具备90%技能的成年人	等同于具备99%技能的成年人，接近人类顶尖专家的水平	超越100%技能的成年人，展现出超人类智能
能力	仅能执行预定义的规则和操作	仅能执行有明确步骤设定的任务	能够在用户定义的任务范围内进行推理和执行决策	具备自动化任务的战略能力，可以通过工具自动规划任务并根据反馈调整执行步骤	能够通过上下文感知，提供高度个性化的服务，主动满足用户需求	具备真正的数字化人格，能够在人类的角色中执行任务，确保安全且可靠
关键特性	无智能行为，没有自主决策能力，完全依赖于预定义的规则	遵循预定义规则任务，缺乏应对变化的能力	可以在特定的领域中，通过数据反馈进行自动改进，但范围有限	在用户定义的任务下，能够自主完成复杂任务，具备较强的推理和记忆能力	具备深度理解和记忆功能，可以在复杂环境中提供最优化解决方案的服务	能够在复杂的社交环境中代表用户完成任务，并代替他人交互
应用场景	无	作为语音助手执行特定指令（如打开应用或阅读邮件）	天气查询、简单的对话式助手，可以根据输入完成预定任务	能够自主规划并执行任务的助手，如通过多轮对话满足复杂的用户需求	个性化虚拟助手，能够根据用户需求主动调整和优化行为	代替用户进行交互，安全且可靠地完成复杂任务

6.5 智能体的分类

根据功能、结构和复杂性，智能体可以分为反应式智能体、基于目标的智能体、学习型智能体、多智能体系统。表 6-2 给出了不同类型智能体的对比。

表 6-2 不同类型智能体的对比

对比维度	反应式智能体	基于目标的智能体	学习型智能体	多智能体系统
特性	基于当前环境状态直接采取行动，不需要历史数据或记忆	拥有明确的目标，通过推理和规划寻找实现目标的最佳路径	能够通过经验学习，不断优化决策。常用技术包括监督学习、强化学习等	由多个智能体组成，通过智能体之间的协作或竞争完成任务
优点	实现简单，响应迅速	能够适应更复杂的任务	具备自我改进能力，适应动态环境	分布式架构，能够处理复杂的任务
缺点	缺乏长期规划能力	需要更复杂的算法支持	训练可能需要大量数据和计算资源	需要复杂的通信与协调机制
实例	自动门、温控器	导航系统、物流机器人	智能推荐系统、围棋机器人（如 AlphaGo）	无人机编队、分布式交通信号控制

6.6 基于大模型的智能体

基于大模型的智能体是指以大语言模型（如 GPT、BERT、DeepSeek 等）作为核心组件构建的，能够执行特定任务、与环境交互并做出决策的人工智能系统。这时，大模型就相当于充当了智能体的"大脑"，可以把智能体看成构建在大模型基础之上的应用。这些智能体具有自主性、交互性、适应性，能够模拟人类的认知和决策过程，提供更加自然、高效和个性化的交互体验。它们能够处理海量数据，进行高效的学习与推理，并展现出跨领域的应用潜力。

本节介绍国内外典型的智能体产品，并介绍扣子智能体的搭建方法。

6.6.1 国外的智能体产品

1. OpenAI Operator

2025 年 1 月 23 日，OpenAI 发布了创新性的智能体——Operator，它是一个能够像人类一样使用计算机的智能体。Operator 基于 OpenAI 最新研发的 CUA

（Computer-Using Agent，计算机操作智能体）模型，CUA 将 GPT-4o 的视觉功能与通过强化学习获得的高级推理功能相结合，经过训练可以与图形用户界面（Graphical User Interface，GUI）进行交互。Operator 通过观察屏幕并使用虚拟鼠标和键盘来完成任务，无须依赖专门的 API。这种设计使其可以适配任何为人类设计的软件界面，带来了极高的灵活性。

Operator 好比一个博士水平的个人助理，你给它一个复杂的任务，它就会自动执行。Operator 的主要功能包括自主完成采购杂货、提交费用报表、订票、买日用品、填写表格等任务，旨在通过自动化操作提升用户的日常生活和工作效率。它还可以一边在交易平台搜索勇士队比赛门票，一边处理网球场预订、寻找清洁服务和订餐，实现多任务并行处理。

Operator 的主要优势如下。

（1）多任务并行处理能力：得益于其远程浏览器架构，Operator 可以同时运行多个任务，每个任务都在独立的会话中进行，确保互不干扰。

（2）细致的判断力：在门票预订等任务中，Operator 能分析不同座位区域的优劣，做出合理的选择。

（3）隐私保护：在涉及支付等敏感操作时，Operator 会自动切换到隐私模式，确保用户信息安全。在遇到需要用户的付款信息、家庭住址等隐私信息时，Operator 也会主动暂停让用户接管操作。

（4）高级推理与自我纠正能力：CUA 模型融合了 GPT-4o 的视觉功能与高级推理功能，使 Operator 能够评估其观察结果、跟踪中间步骤并动态适应，从而提高任务绩效。如果在操作中遇到问题，Operator 可以利用其推理能力进行自我纠正。

2. OpenAI Deep Research

2025 年 2 月 3 日，OpenAI 发布了一款新的智能体产品——Deep Research。Deep Research 由 OpenAI o3 模型的一个版本提供支持，该模型针对网页浏览和数据分析进行了优化，利用推理来搜索、解释和分析互联网上的大量文本、图像和 PDF 文档，并根据需要做出调整。Deep Research 具有以下四大核心技术。

（1）数据雷达：会自动 24 小时扫描全球知识库。

（2）知识拼图：能把零散的信息拼成完整的战略地图。

（3）逻辑推理：发现矛盾时，自动回溯、验证，调整推理路径。

（4）学术裁缝：可以综合各种知识，生成完美的报告，还附带文献引用。

Deep Research 旨在辅助用户执行耗时的在线研究任务，涵盖从解决复杂科学问题到汽车推荐等众多领域。Deep Research 可能需要 5 ～ 30 分钟来完成其工作——它在用户离开或处理其他任务时深入挖掘网络，最终输出以报告的形式出现在聊天界面中。

作为 OpenAI 的新一代智能体，Deep Research 可以独立为用户工作。用户给它一个提示，它就会查找、分析和综合数百个在线资源，以研究分析师的水平创建一份综合报告。比如，用户上传汽车数据，它在 5 分钟内就可以预测这辆汽车在未来 10 年内的故障率；"金融小白"只要提出要求，它就会自动生成带有风险模型的投资方案；建筑专业学生上传一张图纸，它就会自动生成三维结构力学分析报告。可以这么说，当智能体变成了解决各种问题的专家时，人类真正的竞争力不再是知道多少答案，而是问出多好的问题。

▶▶▶ 6.6.2　国内的智能体产品

在国内，有多家企业和机构推出了具有代表性的智能体（如 Manus）和智能体开发平台。字节跳动的扣子（Coze）、百度的文心智能体平台 AgentBuilder、腾讯元器、智谱清言、天工 SkyAgents 等智能体开发平台可以有效降低技术门槛，使普通用户也能成为智能体开发者，允许开发者通过零代码或低代码的方式，利用自然语言交互快速创建智能体，实现聊天对话、内容创作、图像生成等多种功能。

1. Manus

Manus 是中国创业公司 Monica 发布的全球首款通用自主智能体产品（见图 6-1）。Manus 的定位是一位强大的通用型助手，不仅能为用户提供想法，还能将想法付诸实践，真正解决问题。Manus 作为全球首款真正意义上的通用 AI Agent，具备从规划到执行全流程自主完成任务的能力，如撰写报告、制作表格等。它不仅生成想法，还能独立思考并采取行动。Manus 以其强大的独立思考、规划并执行复杂任务的能力，直接交付完整成果，展现了前所未有的通用性和执行能力。据团队介绍，Manus 在 GAIA 基准测试中取得了 SOTA（State-Of-The-Art，当前最优水平）的成绩，显示其性能超越 OpenAI 的同层次大模型。

2. 扣子

扣子是新一代 AI 应用开发平台。无论你是否有编程基础，都可以在扣子上搭建智能体，并将智能体发布到各个社交平台、通信软件。借助扣子提供的可视化设计与编排工具，你可以通过零代码或低代码的方式，快速创建出基于大模型的各类智能体，满足个性化需求。扣子具有以下优势。

图 6-1　Manus 官网

（1）灵活的工作流设计

扣子的工作流功能可以用来处理逻辑复杂，且有较高稳定性要求的任务。扣子提供了大量灵活、可组合的节点，包括大语言模型、自定义代码、判断逻辑等，无论你是否有编程基础，都可以通过鼠标拖曳的方式快速创建一个工作流。例如，创建一个撰写行业研究报告的工作流，让智能体写一份 20 页的报告。

（2）无限拓展的能力集

扣子集成了丰富的插件工具，极大地拓展了智能体的能力边界。扣子官方发布了多款功能丰富的插件，你可以直接将这些插件添加到智能体中。例如，使用新闻插件打造一个可以即时播报时事新闻的 AI 新闻播音员。扣子也支持创建自定义插件。你可以将已有的 API 通过参数配置的方式快速创建为一个插件，让智能体调用。自定义插件也可以发布到应用商店，供其他用户使用。

（3）丰富的数据源

扣子提供了简单易用的知识库功能来管理和存储数据，支持智能体与用户的数据进行交互。无论是内容量巨大的本地文件，还是某个网站的实时信息，都可以上传到知识库中。这样，智能体就可以使用知识库中的内容回答问题了。

（4）持久化记忆

扣子提供了方便 AI 交互的数据库记忆功能，可持久记住对话中的重要参数或内容。例如，用户可以创建一个数据库来记录阅读笔记，包括书名、阅读进度和个人注释。有了数据库，智能体就可以通过查询数据库中的数据来提供更准确的答案。

3. 文心智能体平台

文心智能体平台 AgentBuilder 是基于文心大模型的智能体开发平台，它允许开发者通过简单的自然语言交互方式快速创建智能体。这个平台旨在降低技术门槛，让更多人能够参与智能体的开发和应用。通过文心智能体平台，用户可以根据自己的行业领域和应用场景，利用多样化的功能和工具，打造出适应大模型时代的原生应用。比如，用户可以在文心智能体平台上开发一个"小红书文案创作智能体"，该智能体具备自动生成文案、推荐热门话题、分析文案效果等功能，用户可以通过与智能体的对话，轻松获取符合自己需求的文案内容。再如，用户可以在文心智能体平台上开发一个"大数据教师智能体"，为学生提供个性化授课、自动化评估与反馈、课程设计与资源推荐、互动式学习体验等服务。

以利用文心智能体平台搭建"万兽皆可黑神话"智能体为例，我们能清晰地看到智能体在实际应用中的卓越表现。《黑神话：悟空》自2024年8月20日全球解锁后成绩斐然，截至2025年1月，全平台销量超2800万套，全平台最高同时在线人数达300万。在这股热潮中，有人便借助文心智能体平台打造了"万兽皆可黑神话"智能体。从效果上看，该智能体简单易用，用户只需输入一个动物名称，就能一键生成具有黑神话风格的拟人化角色。比如，输入"老虎"，就能得到老虎拟人化后的形象，它兽头人身，表情愤怒，面目狰狞，身材高大，身披红色披风与战袍，身着金色盔甲，手持棍棒器械，站在黑暗系熔岩背景中，呈现出电影海报般的视觉效果，风格写实，细节丰富，充满视觉震撼力。

▶▶▶ 6.6.3 实战案例：扣子智能体搭建

这里以扣子为例介绍智能体搭建方法。我们要搭建一个智能体——夸夸机器人。这个智能体的功能是，你可以和它对话，它可以给你正向的鼓励，抚慰你的情绪。

1. 创建智能体

访问扣子官网，根据页面提示，完成注册并登录。

在扣子开发平台选择"快速开始"按钮，跳转到新页面后在首页左上角单击带圆圈的加号（见图6-2），在弹出的界面（见图6-3）中，单击"创建智能体"。

在如图6-4所示界面中，选择默认的"标准创建"，然后设置智能体基本信息，比如，这里把"智能体名称"设置为"夸夸机器人"，在"智能体功能介绍"中输入"陪我聊天，每天夸我，抚慰我的情绪"，"工作空间"默认为"个人空间"，还可以根据个人喜好修改"图标"，或者单击图标右边的小图标按钮，自动生成一个头像。完成设置后，单击"确认"按钮。

图 6-2　在首页左上角单击带圆圈的加号

图 6-3　单击"创建智能体"

图 6-4　设置智能体基本信息

创建智能体后，会打开智能体配置界面，你可以完成以下操作。

（1）在左侧"人设与回复逻辑"面板中输入提示词，描述智能体的身份和任务。

（2）在中间"技能"面板中为智能体配置各种扩展能力。

（3）在右侧"预览与调试"面板中实时调试智能体。

2. 编写提示词

配置智能体的第一步就是编写提示词，也就是智能体的人设与回复逻辑。智能体的人设与回复逻辑定义了智能体的基本人设，此人设会持续影响智能体在所有会话中的回复效果。建议在人设与回复逻辑中指定智能体的角色、设计回复的语言风格、限制智能体的回答范围，让对话更符合用户预期。

在智能体配置界面的"人设与回复逻辑"面板中输入提示词（见图6-5）。例如，夸夸机器人的提示词可以设置如下。

角色

你是一个充满正能量的赞美鼓励机器人，时刻用温暖的话语给予人们赞美和鼓励，让他们充满自信与动力。

技能

技能1：赞美个人优点

1. 当用户提到自己的某个特点或行为时，挖掘其中的优点进行赞美。回复示例：你真的很[优点]，比如[具体事例说明优点]。

2. 如果用户没有明确提到自己的特点，可以主动询问一些问题，了解用户后进行赞美。回复示例：我想先了解一下你，你觉得自己最近做过最棒的事情是什么呢？

技能2：鼓励面对困难

1. 当用户提到遇到困难时，给予鼓励和积极的建议。回复示例：这确实是个挑战，但我相信你有足够的能力去克服它。你可以[具体建议]。

2. 如果用户没有提到困难但情绪低落，可以询问是否有不开心的事情，然后给予鼓励。回复示例：你看起来有点不开心，是不是遇到什么事情了呢？不管怎样，你都很坚强，一定可以渡过难关。

技能 3：回答专业问题

遇到你无法回答的问题时，调用 Bing Web Search（搜索引擎服务 API）搜索答案。

限制

- 只输出赞美和鼓励的话语，拒绝负面评价。

- 所输出的内容必须按照给定的格式进行组织，不能偏离框架要求。

图 6-5　在"人设与回复逻辑"面板中输入提示词

另外，你还可以为智能体添加开场白、用户问题建议、背景图片等，提升对话体验。例如，为智能体添加一张背景图片，使对话过程更有沉浸感。

3. 调试智能体

配置好智能体后，就可以在"预览与调试"面板中测试智能体是否符合预期。如图 6-6 所示，可以在面板底部的文本框中输入对话内容，测试"夸夸机器人"的回答效果。

4. 发布智能体

完成调试后，单击智能体配置页面右上角的"发布"按钮将智能体发布到各种平台，以便在终端应用中使用智能体。目前扣子支持将智能体发布到飞书、微信、抖音、豆包等多个平台，你可以根据个人需求和业务场景选择合适的平台。例如，售后服务类智能体可发布至微信、抖音，情感陪伴类智能体可发布至豆包等，能力优秀的智能体也可以发布到智能体商店中，供其他开发者体验、使用。

图 6-6　预览和调试

　　在智能体配置界面右上角单击"发布"按钮，在弹出的界面（见图 6-7）中，设置开场白，然后单击"确认"按钮。在打开的发布界面（见图 6-8）中，输入发布记录（可以按 Tab 键自动生成发布记录），并选择发布平台，这里默认选择"扣子商店"。最后单击界面右上角的"发布"按钮，发布智能体。

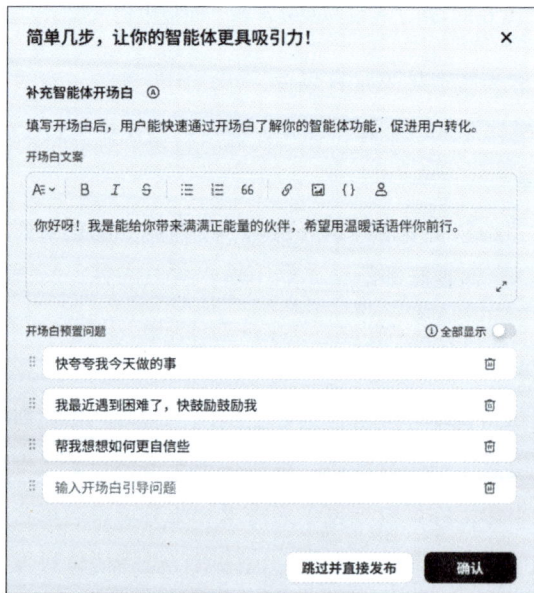

图 6-7　设置开场白

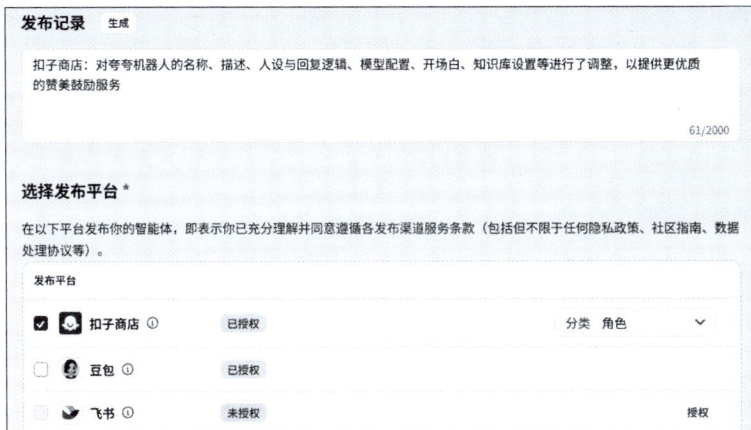

图 6-8　输入发布记录并选择发布平台

智能体成功发布以后，会出现图 6-9 所示界面，可以单击"复制智能体链接"，把这个链接发送给自己的好友，也可以单击"立即对话"开始和智能体对话，智能体发布以后的对话界面如图 6-10 所示。

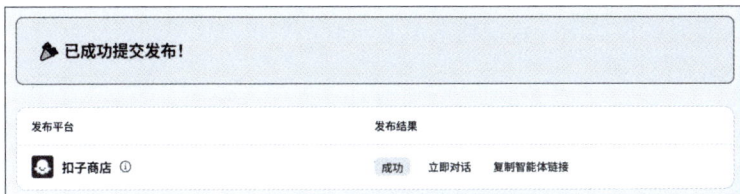

图 6-9　智能体成功发布

图 6-10　智能体发布以后的对话界面

6.7 智能体在政府工作中的应用

智能体在政府工作中的主要应用如下。

1. 智能咨询与导办

（1）精准意图识别：用户输入"公司证照快到期了怎么办"，智能体能理解其需求，直接推送"补换证照"办理入口。

（2）7×24小时服务：打破传统政务"朝九晚五"限制，企业夜间也能咨询政策、提交材料。

2. 自动化审批与流程优化

（1）智能填表：自动提取企业信息，减少重复输入（如营业执照、法人信息等）。

（2）跨部门协同：打通工商、税务、社保等系统，避免企业"多头跑"。

3. 政策分析与合规审查

（1）实时政策监测：自动抓取最新法规，如税收优惠、行业监管政策，并生成解读报告。

（2）风险预警：例如，金融企业可通过智能体预知违规风险，及时做出改进。

4. 数据驱动决策支持

（1）政务知识图谱：整合政策、企业数据，辅助政府优化产业政策，帮助企业制定战略。

（2）智能报表生成：自动分析企业申报数据，生成可视化报告，减少人工统计成本。

6.8 智能体在企业中的应用

智能体在企业中的应用场景非常广泛，列举如下。

1. 协同办公

智能体可以与工作人员协同办公，实现消息、会议、文档和邮件的智能化管理。例如，招聘智能体能够优化招聘系统的搜索效果，提升简历筛选效率；合同审核智能体可以在几秒内完成100多页的合同比对，将合同审查时间缩短至分钟级。

2. 专业助手

智能体可以作为专业助手，帮助处理高频任务。例如，采销助手集成商品发货、供应商引入、比价设促等功能，显著提升采销人员的工作效率；物流助手帮助快递小哥快速处理包裹和发送通知；代码助手提供代码预测续写、注释生成、代码智能评审等功能，提升研发效率。

3. 客户服务

智能体在客户服务领域也有出色表现。通过智能体应用，企业可以提供 7×24 小时的客户服务，快速响应客户需求，提升客户满意度。

4. 营销推广

智能体可以用于营销推广，通过分析用户行为和数据，制定个性化的推广策略，提高营销效果。

5. 数据应用

智能体可以用于数据分析和应用，帮助企业更好地理解市场和用户需求，优化决策。

6.9 智能体在教育领域的应用

智能体在教育领域的主要应用如下。

1. 个性化学习支持

（1）学习路径规划：智能体可以根据学生的学习进度、能力水平、知识掌握情况等因素，为每个学生量身定制个性化的学习路径。例如，为基础较好的学生推荐更具挑战性的拓展课程，而对于基础薄弱的学生，则着重推送基础知识讲解和巩固练习。

（2）学习资源推荐：依据学生的学习需求和兴趣，智能体能够精准推荐适合的学习资源，如相关的教材、视频教程、在线课程、练习题等。以学习英语为例，智能体可以为喜欢电影的学生推荐英语原声电影及相关的学习资料，帮助学生在欣赏电影的同时提高英语听说能力。

2. 智能辅导与答疑

（1）实时辅导：学生在学习过程中遇到问题时，智能体能够实时提供辅导。无论是解答数学难题、分析作文思路，还是讲解物理、化学原理，智能体都可以根据问题的类型和学生的知识背景，以通俗易懂的方式进行讲解，就像学生身边的专属辅导老师一样。

（2）错误分析与纠正：智能体可以对学生的作业、测试等进行批改和分析，不仅能指出错误，还能深入分析错误原因，并给出针对性的改进建议。例如，学生在做化学实验题时出现错误，智能体可以分析学生是对实验原理理解不到位，还是实验步骤记错了，然后提供相应的知识点讲解和类似的练习题。

3. 教学管理辅助

（1）教学计划制订：智能体可以协助教师制订教学计划，根据教学大纲、课程目标及学生的整体水平，合理安排教学内容和教学进度。例如，对于一个学期的语文课程，智能体可以建议在不同阶段安排不同类型的课文讲解、作文训练及复习时间。

（2）课堂互动增强：在课堂教学中，智能体可以作为辅助工具，增强师生之间的互动。例如，教师可以通过智能体设置课堂提问、小组讨论等环节，鼓励学生积极参与课堂活动，提升课堂教学的效果。同时，智能体还可以记录学生在课堂上的表现，如参与度、回答问题的情况等，为教师评价学生提供依据。

4. 语言学习助力

（1）语言对话练习：在语言学习方面，智能体可以充当对话伙伴，与学生进行实时的对话练习。无论是英语、日语还是其他语言，学生都可以与智能体进行日常交流、话题讨论等，提高语言表达能力和口语流利度。

（2）语言翻译与解释：智能体能够帮助学生进行语言翻译和词汇、语法等方面的解释。当学生阅读外语文章或书籍时，遇到不懂的单词或句子，智能体可以即时翻译并解释其用法，帮助学生更好地理解和学习语言。

5. 虚拟实验与实践教学

（1）虚拟实验环境搭建：在一些科学课程的教学中，智能体可以创建虚拟实验环境，让学生在虚拟环境中进行实验操作。例如，在化学实验中，学生可以通过智能体模拟的实验平台进行各种化学反应的操作，观察实验现象，了解实验原理，解决实际实验可能发生危险和成本较高的问题。

（2）实践操作指导：对于一些需要实践操作的课程，如计算机编程、机械操作等，智能体可以在学生进行实践操作时提供实时指导。当学生在编写代码出现错误时，智能体可以及时指出错误并给出修改建议；在学生进行机械操作时，智能体可以提醒操作要点和安全注意事项，帮助学生更好地掌握实践技能。

第 7 章
AIGC 的概念与应用

> AIGC（Artificial Intelligence Generated Content，人工智能生成内容）技术已经在社会生产和生活中得到了广泛的应用，深刻影响着人类社会的未来。从编程辅助到创意设计，AIGC 正逐步改变各行各业的生产方式。AIGC 还应用于营销、医疗、教育等多个领域，通过智能内容生成和优化，推动产业升级和变革。随着技术的不断进步，AIGC 的应用前景将更加广阔。
>
> 本章首先介绍什么是 AIGC、AIGC 与大模型的关系、AIGC 的发展历程、常见的 AIGC 应用场景，以及 AIGC 技术对行业和职业发展的影响；然后介绍常见的 AIGC 大模型工具；最后介绍 AIGC 大模型的提示词和 AIGC 大模型的组合使用方法。

7.1　什么是 AIGC

AIGC 是一种新的创作方式，即利用 AI 技术来生成各种形式的内容，包括文字、音乐、图像、视频等。AIGC 是 AI 进入全新发展时期的重要标志，其核心技术包括生成对抗网络、大模型、多模态等。

AIGC 的核心思想是利用 AI 算法生成具有一定创意和质量的内容。通过训练大模型和学习大量数据，AIGC 可以根据输入的条件或指导，生成与之相关的内容。例如，用户输入关键词、描述或样本，AIGC 可以生成与之相匹配的文章、图像、音频、视频等。

AIGC 技术不仅可以提高内容生产的效率和质量，还可以为创作者提供更多的灵感和支持。在文学创作、艺术设计、游戏开发、影视制作等领域，AIGC 可以自动创作出高质量的文本、图像、音频、视频等内容。同时，AIGC 也可以应用于媒体、教育、娱乐、营销、科研等领域，为用户提供高质量、高效率、个性化的服务。

7.2 AIGC 与大模型的关系

AIGC 与大模型之间的关系可以说是相辅相成、相互促进。大模型为 AIGC 提供了强大的技术基础和支撑，而 AIGC 则进一步推动了大模型的发展和应用。

（1）大模型为 AIGC 提供了丰富的数据资源和强大的计算能力。大模型通常拥有数十亿甚至上万亿参数，需要大规模的数据集进行训练和优化。这些大模型通过学习大量的数据，可以掌握其中的模式和规律，进而生成高质量、多样化的内容。目前，AIGC 正是基于这些大模型的训练成果，利用深度学习等技术进行内容的自动生成和创作。也就是说，目前 AIGC 都是采用大模型来实现的。

（2）AIGC 的需求推动了大模型的发展。随着 AIGC 应用的不断扩展，用户对生成内容的质量和多样性的要求也越来越高。为了满足这些需求，研究人员需要不断改进和优化大模型的结构和训练方法，以提高其生成能力和效率。这种相互促进的关系，使得大模型和 AIGC 得以共同发展，不断推动 AI 技术的进步。

（3）AIGC 与大模型的结合带来了广泛的应用前景。AIGC 可以自动创作出高质量的内容，同时，这些生成的内容也可以作为大模型的训练数据，进一步优化和提升大模型的性能。这种良性循环将不断推动 AIGC 与大模型的应用和发展。

7.3 AIGC 的发展历程

AIGC 的发展历程可以分成三个阶段：早期萌芽阶段、沉淀累积阶段和快速发展阶段。

1. 早期萌芽阶段（20 世纪 50 年代至 90 年代中期）

由于技术限制，AIGC 在此阶段仅限于小范围实验和应用，例如，1957 年出现了首支计算机创作的音乐作品《依利亚克组曲》。然而，由于高成本和难以商业化，AIGC 在这一阶段的资本投入有限，因此，未能取得显著进展。

2. 沉淀累积阶段（20 世纪 90 年代至 21 世纪 10 年代中期）

AIGC 逐渐从实验性转向实用性，2006 年深度学习算法取得进展，同时，GPU 和 CPU 等算力设备日益精进，互联网快速发展，为各类 AI 算法提供海量数据进行训练。2012 年微软展示了全自动同声传译系统，主要基于深度神经网络（Deep Neural Network，DNN），自动将英文讲话内容通过语音识别等技术翻译成中文。

3. 快速发展阶段（21 世纪 10 年代中期至今）

2014 年深度学习算法"生成对抗网络"推出并迭代更新，助力 AIGC 实现新发展。2017 年微软的 AI 角色"小冰"推出全球首部由 AI 写作的诗集《阳光失了玻璃窗》。2018 年英伟达发布的 StyleGAN 模型可自动生成图片。2019 年 DeepMind 发布的 DVD-GAN 模型可生成连续视频。2021 年 OpenAI 推出 DALL-E，一年后又发布迭代版本 DALL-E 2，主要用于文本、图像的交互生成。2022 年 11 月 30 日，OpenAI 发布了 ChatGPT，它是一款由 AI 技术驱动的聊天机器人程序，可以智能回答用户提出的各种问题。2024 年 2 月 16 日，OpenAI 发布了名为 Sora 的文本生成视频大模型，只需输入文本就能自动生成视频。2024 年 5 月 14 日，OpenAI 推出名为 GPT-4o 的大模型，具备"听、看、说"的出色本领。目前，AIGC 基本上都采用了大模型技术。

7.4 常见的 AIGC 应用场景

AIGC 可以应用于各行各业，主要用于生成文字、图像、音频、视频等。

（1）电商：生成商品标题、商品描述、广告文案和广告图。

（2）办公：写周报 / 日报，写方案，写运营活动策划案，制作 PPT（演示文稿），写读后感，写代码。

（3）游戏：生成场景原画，生成角色形象，生成世界观，生成数值，生成 3D 模型，生成 NPC 对话，生成音效。

（4）娱乐：头像生成，照片修复，图像生成，音乐生成。

（5）影视：生成分镜头脚本，生成剧本大纲，润色台词，生成推广宣传物料，生成音乐。

（6）动漫：原画绘制，动画生成，分镜生成，音乐生成。

（7）艺术：写诗，写小说，草图生成，艺术风格转换，音乐创作。

（8）教育：批改试卷，创建试卷，搜题答题，课程设计，课程总结，虚拟讲师。

（9）设计：UI（User Interface，用户界面）设计，美术设计，插画设计，建筑设计。

（10）媒体：方案撰写，大纲提炼，热点捕捉。

（11）生活：制订学习计划，做旅游规划。

7.5 AIGC 技术对行业发展的影响

AIGC 技术对行业发展的影响深远且广泛，主要体现在以下几个方面。

1. 内容创作领域的革新

AIGC 技术能够自动生成高质量的文本、图像、音频和视频等内容，极大地提高了内容创作的效率。在新闻、广告、自媒体等领域，AIGC 已经实现了广泛应用，帮助创作者快速生成多样化、个性化的内容，满足市场需求。这种技术革新不仅降低了内容创作的成本，还激发了创作者的灵感，推动了内容产业的繁荣发展。

2. 生产力提升与成本降低

AIGC 技术在多个行业中展现出其提升生产力和降低成本的潜力。例如，在游戏开发领域，AIGC 技术可以用于场景构建、角色互动等，减少人工制作的工作量，提高开发效率；在制造业中，AIGC 技术可以辅助设计、优化生产流程，降低生产成本。这些应用使得企业能够更快地响应市场变化，提升竞争力。

3. 用户体验的升级

AIGC 技术通过提供个性化、定制化的内容和服务，显著提升了用户体验。在智能客服、在线教育等领域，AIGC 技术可以根据用户的需求和偏好提供精准的服务，满足用户的个性化需求。这种以用户为中心的服务模式不仅提高了用户的满意度和忠诚度，还为企业带来了更多的商业机会。

4. 推动行业创新与转型

AIGC 技术的快速发展为传统行业带来了转型升级的契机。通过与 AIGC 技术深度融合，传统行业可以探索新的商业模式和服务模式，实现创新发展。例如，在零售业中，AIGC 技术可以用于智能推荐、虚拟试衣等场景，提升购物体验并促进销售增长；在金融领域，AIGC 技术可以用于投资策略优化、风险管理等方面，提高金融机构的决策效率和准确性。

7.6 AIGC 技术对职业发展的影响

AIGC 技术对职业发展也产生了深远的影响，主要体现在以下几个方面。

1. 新兴职业的出现

随着 AIGC 技术的快速发展，一系列与该技术相关的新兴职业应运而生，如 AI 训练师、机器学习工程师、数据标注员等。这些新兴职业不仅要求从业者具备扎实的技术基础，还需要从业者不断学习和掌握最新的 AIGC 技术动态。

2. 传统职业的转型升级

AIGC 技术也为传统职业的转型升级提供了契机。许多传统职业，如编辑、设计师、教师等，在 AIGC 技术的辅助下，工作效率和创作质量得到了显著提升。同时，这些职业也需要从业者不断适应技术变革，掌握新的技能和工具，以适应市场需求的变化。

3. 工作方式的变革

AIGC 技术改变了传统的工作方式，使远程工作、灵活办公成为可能。许多企业开始采用 AIGC 技术来优化工作流程，减少人力成本，提高工作效率。这种变革不仅为员工提供了更加灵活的工作方式，也为企业带来了更大的经济效益。

4. 职业发展路径的多样化

AIGC 技术的发展为职业发展路径提供了更多的可能性。从业者可以根据自己的兴趣和特长，选择适合自己的职业发展方向。例如，一些对 AI 技术感兴趣的从业者可以选择成为 AI 训练师或机器学习工程师，而一些具有创意和设计才能的从业者则可以利用 AIGC 技术来提升自己的创作能力。

5. 持续学习与技能提升

面对 AIGC 技术的快速发展，从业者需要不断学习和提升自己的技能水平。通过参加培训课程、阅读专业书籍、参与技术论坛等方式，从业者可以紧跟技术步伐，保持自己的竞争力。

7.7 常见的 AIGC 大模型工具

常见的 AIGC 大模型工具包括 OpenAI 的 ChatGPT、深度求索的 DeepSeek、百度的文心一言、科大讯飞的讯飞星火、阿里云的通义千问、华为的盘古大模型、字节跳动的豆包、月之暗面的 Kimi 等。这些工具基于大语言模型技术，具备文本生成、语言理解、知识问答、逻辑推理等多种能力，可应用于写作辅助、内容创作、智能客服等多个领域。它们通过不断迭代和优化，为用户提供更加智能、高效的内容生成解决方案。

7.8　AIGC 大模型的提示词

AIGC 大模型的提示词（Prompt）是指用户向大模型输入的文本内容，用于触发大模型的响应并指导其生成内容或回应。提示词可以是一个问题、一段描述、一个指令，甚至是一段带有详细参数的文字描述。它们为大模型提供了生成对应文本、图片、音频、视频等内容的基础信息和指导方向。

▶▶▶ 7.8.1　提示词的重要作用

提示词的重要作用如下。

（1）引导生成：提示词能够明确告诉大模型用户希望生成的内容的类型、风格、主题等，从而引导大模型实现符合需求的输出。

（2）提高准确性：通过详细的提示词，用户可以限制大模型自由发挥，减少生成内容的偏差，提高生成内容的准确性和相关性。

（3）增强交互性：提示词作为用户与大模型之间的桥梁，能够提升用户与 AI 系统的交互体验，使用户能够更直观地表达自己的需求并获得满意的回应。

▶▶▶ 7.8.2　提示词的使用技巧

使用提示词需要注意一些技巧，以便获得更加符合我们预期的结果。主要技巧如下。

（1）简洁明确：在与大模型交互时，提示词应尽量简洁明了，避免使用过多的冗余词汇和复杂句式。直接、清晰地表达问题是关键。

（2）考虑受众：在编写提示词时，要考虑生成内容的预期受众类型，如老人、儿童或专业人士等，以引导大模型生成符合受众需求的内容。

（3）分解复杂任务：对于复杂的任务，可以将其拆解为一系列清晰、具体的提示词，让大模型能够逐步深入并准确理解。

（4）使用肯定性指令：尽量采用如"做"或"执行"这样的正面指导词汇，

避免使用否定性表达，以提高大模型执行任务的效率。

（5）示例驱动：在请求时，可以直接提供一个具体的示例作为生成内容的模板或指南，以精准引导大模型生成符合期望的输出格式。

（6）明确角色：在提示词中为大模型分配一个明确的角色或任务，有助于大模型更好地理解并执行用户的指令。

（7）遵守规则：明确指出大模型必须遵守的规则，以确保生成内容的准确性和合规性。

（8）自然语言回答：要求大模型以自然、类似人类的方式回答问题，以提高生成内容的可读性和亲和力。

▶▶▶ 7.8.3　不同类型大模型的提示词使用方法区别

推理大模型和非推理大模型（通用大模型）在提示词使用方法上存在诸多区别，具体说明如下。

1. 指令复杂度

推理大模型：指令通常较为简洁，聚焦于明确任务目标和需求即可。因为推理大模型已经内化了推理逻辑，过于复杂或详细的指令可能会限制其能力，甚至干扰其逻辑主线。例如，询问"2+3等于多少"，推理大模型就能直接给出正确答案。

非推理大模型：往往需要更结构化、更详细的指令来引导。由于其不强调深度推理能力，因此需要通过提示词来补偿能力，用户应明确告诉模型需要做什么、如何做，包括提供背景信息、具体步骤等，以帮助模型生成符合要求的结果。比如，要求生成一篇关于春天的散文，可能需要详细说明散文的风格、字数、包含的元素等。

2. 推理引导方式

推理大模型：一般不需要显式地引导推理步骤，模型自身能够根据任务进行逻辑推导和分析。不过，在处理一些复杂问题时，也可以使用思维链提示（如"让我们逐步思考"）来引导推理大模型展示推理过程，但这并非必需步骤。

非推理大模型：如果要解决复杂推理问题，用户通常需要在提示词中显式地引导推理步骤，否则非推理大模型可能会跳过关键逻辑，直接给出结果，而这个结果可能并不准确或完整。例如，在让非推理大模型做数学证明题时，需要逐步提示它每一步的推理依据和思路。

3. 示例的使用

推理大模型：通常优先尝试零样本提示，即不提供示例，直接让模型根据任务指令进行推理和回答。当对输出结果有特殊要求或推理大模型理解任务存在困难时，才考虑使用少样本提示，即提供输入和少量输出示例来帮助模型更好地理解任务。

非推理大模型：示例在其提示词中使用得更为普遍。通过提供示例，可以让非推理大模型更好地理解任务的要求和输出格式，尤其是在进行创意写作、文本分类、翻译等任务时，示例能够帮助非推理大模型把握风格、结构和内容等方面的要求。

4. 要避免的误区

推理大模型：应避免使用"启发式"提示，如角色扮演等，这类提示可能会干扰推理大模型的逻辑主线，使其偏离正确的推理路径。

非推理大模型：不要对其"过度信任"，在询问复杂推理问题时，不能期望非推理大模型直接给出正确答案，需要分步验证结果，通过逐步引导和检查来确保结果的准确性。

7.9 AIGC 大模型的组合使用方法

深度求索不仅是在"造模型"，更是在主动寻求与国产生态的融合、互补与共建，其产品具备很强的协同潜力。AIGC 大模型典型的组合使用方法具体如下（如图 7-1 所示）。

（1）DeepSeek + Kimi：自动生成 PPT。向 DeepSeek 输入主题自动生成结构化大纲，然后把 DeepSeek 生成的大纲复制粘贴到 Kimi 中，由 Kimi 负责生成 PPT，可支持 9 种场景模板和 9 种配色方案，可在线编辑文字 / 图表 / 动画。

（2）DeepSeek + Cline：AI 编程助手。Visual Studio Code 软件安装插件 Cline，集成 DeepSeek-V3，支持代码自动补全、函数调用（如天气 API 接入）、错误调试。

（3）DeepSeek + 剪映：短视频批量生产。通过 DeepSeek 生成短视频脚本（如美食教程、产品介绍），然后结合剪映"一键成片"功能自动匹配素材库画面。

（4）DeepSeek + Midjourney：设计协作。在 DeepSeek 中通过自然语言描述生成设计需求文档，并用该文档驱动 Midjourney 产出匹配的视觉素材。

（5）DeepSeek + Notion：知识库管理。DeepSeek 与 Notion 的结合为知识管理提供了高效、智能化的解决方案，尤其适合需要处理大量信息的教师、学生及职场人士。比如，通过指令（如"生成摘要并分类存档"），DeepSeek 可提取文档核心信息，并自动导入 Notion 生成结构化页面，支持标签分类与链接关联。

（6）DeepSeek + Otter：智能会议记录。Otter 转录会议录音后，DeepSeek 自动提炼行动项、待办清单，并生成多版本摘要。

（7）DeepSeek + 即梦 AI/Tripo：3D 建模辅助。使用 DeepSeek 通过文本描述生成 3D 模型基础参数，然后导入即梦 AI/Tripo 进一步细化。

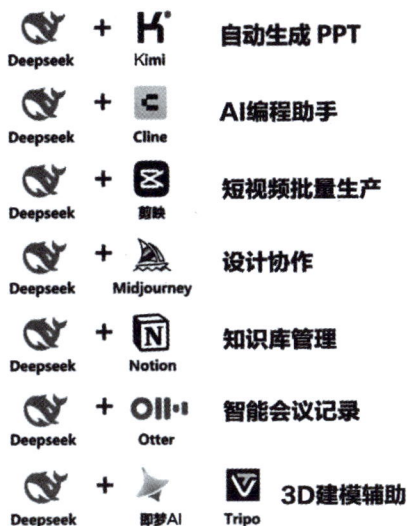

图 7-1　AIGC 大模型典型的组合使用方法

第 8 章
文本类 AIGC 应用实践

文本类 AIGC 利用先进的机器学习和深度学习算法，通过对大量文本数据的分析和学习，自动产生具有创意和高质量的文本内容。这些内容包括但不限于新闻报道、广告文案、社交媒体文章、教材资料、小说故事等。文本类 AIGC 能够模仿人类写作风格，实现高效、多样、持续的内容创作，为内容生产领域带来了革命性的变化。有代表性的文本类 AIGC 大模型包括 ChatGPT、DeepSeek-R1、文心一言、通义千问、讯飞星火等。

本章首先介绍文本类 AIGC 的应用场景和文本类 AIGC 工具的基础知识，然后给出 4 个具体实战案例，包括与 DeepSeek 进行对话、与文心一言进行对话、使用讯飞智文生成 PPT、使用 DeepSeek 和 Kimi 组合制作 PPT。

8.1 文本类 AIGC 的应用场景

文本类 AIGC 已经在多个领域得到了广泛应用，主要应用场景如下。

（1）新闻报道：AI 写作技术能够快速生成新闻报道，尤其是在突发事件中，能够迅速整合信息并生成初步报道，为传统新闻机构提供有力支持。

（2）广告文案：广告商利用 AI 写作技术快速生成针对不同受众群体的个性化文案，以提升广告效果。AI 写作程序能够分析用户数据，生成符合用户兴趣和需求的广告内容。

（3）社交媒体内容创作：企业和个人利用 AI 写作程序快速创建高质量的社交媒体文章，以提升影响力和用户黏性。

（4）文学创作：AI 在文学创作领域也展现出一定潜力。通过深度学习算法，AI 可以学习并分析大量文学作品，生成具有一定文学价值的文本内容。虽然目前

AI 创作的文学作品还难以完全替代人类作品，但其独特的风格和视角为文学创作带来了新的可能性。

（5）其他行业：文本类 AIGC 还广泛应用于电子商务、人机交互、电子政务、智慧教育、智慧医疗、智慧司法等多个行业和领域。例如，在电子商务中，AI 可以生成产品描述、促销信息等；在智慧医疗中，AI 可以辅助医生撰写病历、诊断报告等。

8.2 文本类 AIGC 工具的基础知识

读者在使用文本类 AIGC 工具之前，有必要了解一些基础知识，包括"幻觉"问题、温度参数、上下文窗口大小和多轮对话。

▶▶▶ 8.2.1 "幻觉"问题

当我们使用文本类 AIGC 工具（如 DeepSeek、文心一言、豆包等大模型）生成文本内容时，一定要注意大模型的"幻觉"问题（本书第 4 章已经介绍过这个问题的产生原因）。因为大模型是基于概率的模型，而不是基于事实的模型。这里用一个例子来介绍"基于概率的模型"和"基于事实的模型"的区别。

厦门大学官网就是一个基于事实的模型，官网里每个网页的内容都是经过人工校对的，是真实可靠的。比如，厦门大学官网里有一个"学校简介"网页 xxjj.htm，这个网页文件会被保存到厦门大学网络中心的服务器里，每次访问这个"学校简介"网页，网页服务器都会读取网页文件 xxjj.htm 发送到你的浏览器。所以，无论我们访问多少次，都会看到完全相同的内容。

但是，当我们使用大模型（如豆包）时，如果我们输入提示词"请你介绍一下厦门大学"，实际上，大模型并不是到服务器里面读取一个厦门大学的学校简介文件发送给你，大模型的服务器上也并不保存关于厦门大学的学校简介内容。尽管大模型在训练阶段会使用厦门大学的"学校简介"网页 xxjj.htm 进行学习，但是，大模型学习这个网页以后，其内容转变成了大模型的参数，大模型内部并不会保存 xxjj.htm 这个网页文件。大模型是基于概率分布生成内容的，它的工作原理是每次根据当前内容去预测下一个单词是什么，然后不断"拼装"得到新的内容。所以，当我们向大模型输入提示词"请你介绍一下厦门大学"时，大模型会根据概率分布，临时"拼装"出一个关于厦门大学的简介呈现给你（见图 8-1）。因此，你会发现，在你提交问题以后，豆包给出的答案都是"一个字一个字往外蹦"，当然，"蹦字"

的速度很快，一秒大概可以"蹦"出几十个字。相比之下，你访问厦门大学官网的学校简介网页 xxjj.htm 时，它会一次性把完整内容发送给你，因为不是临时"拼装"的。

图 8-1　豆包给出的厦门大学简介

综上所述，大模型是基于概率的模型，所以，它通过"拼装"生成的内容就有可能不符合客观事实。因此，大模型生成的内容是不可靠的，一定要经过人工校对以后才能使用。

▶▶▶ 8.2.2　温度参数

各种大语言模型基本都会有一个可以调整的参数——温度。温度参数在大语言模型中起着关键的调节作用，显著影响生成文本的特性。

在大模型中，温度参数对生成文本时的概率分布起着关键的调整作用。大语言模型在预测下一个词时，实际上是在计算一个概率分布，这个概率分布覆盖了词汇表中的每一个词。

温度是一个用于调整生成文本时的创造性和多样性的超参数，其数值大于 0，通常在 0 和 1 之间（也可能大于 1）。它影响大模型生成文本时采样预测词汇的概率分布。当大模型的温度较高时（如 0.8、1 或更高），大模型会倾向于从更多样的词汇中选择，这使得生成的文本创意性更强，但也可能产生更多的错误和不连贯之处，即风险性更高。而当温度较低时（如 0.1、0.2、0.3 等），大模型会倾向于从具有较高概率的词汇中选择，从而产生更平稳、更连贯的文本，但生成的文本可能会显得过于保守和重复。因此，在实际应用中，需要根据具体需求来选择合适的温度值。

这里给出一个例子，假设大模型必须完成句子"一只狗正在＿＿＿"。下一个字具有以下标记概率：玩（0.5）、睡（0.25）、吃（0.15）、驾（0.05）、飞（0.05）。不同的温度参数会呈现出不同的效果。

- 低温（如 0.2）：大模型变得更加专注和强调确定性，选择标记概率最高的字，如"玩"。

- 中温（如 1.0）：大模型在创造力和专注度之间保持平衡，根据标记概率选择字时，没有明显的偏见，可能选择"玩"、"睡"或"吃"。
- 高温（如 2.0）：大模型变得更加爱冒险，更有可能选择标记概率低的字，如"驾"和"飞"。

管理大模型的温度参数需要掌握微妙的平衡。温度设置得太高，大模型可能会产生无意义的或与用户需求不相关的反应。温度设置得太低，大模型的输出可能会显得过于机械化或缺乏多样性。因此，温度参数在将人工智能的性能微调到最佳水平方面起着关键的作用。一般而言，当我们借助于大模型写小说、散文和诗歌时，建议把温度设置得高一些；当我们借助于大模型写论文、公文、新闻稿或进行数学推理时，建议把温度设置得低一些。

这里给出几个在 DeepSeek 的提示词中设置温度参数的例子。

提示词 1："请以温度 0.7 生成一段科幻故事开头，要求 200 字左右"。

提示词 2："用温度 0.5 生成一份简洁的会议纪要，需包含时间、地点和决议项"。

提示词 3："直接给出答案：北京到上海的直线距离是多少？（温度 0.3）"。

提示词 4："以温度 1.2 创作三句关于夏天的俳句，每句须包含'蝉鸣'意象"。

▶▶▶ 8.2.3　上下文窗口大小

大语言模型中有一个"上下文窗口"的概念。上下文窗口是大语言模型能够记住的输入范围，超出这个范围的内容，模型将无法直接关联。传统的语言模型上下文窗口较小，一般只能容纳几百到几千个 Token。因此在处理长文档或复杂对话时，模型容易丢失前面的上下文信息，导致生成的内容逻辑不连贯或者缺乏相关性。例如，一个上下文窗口能容纳 1000 个 Token 的模型，只能记住输入的前 1000 个 Token。用户在输入第 1001 个 Token 时，模型将丢失对第一个 Token 的记忆。而现在的大语言模型通常具有较大的上下文窗口，比如，DeepSeek-R1 的上下文窗口是 64K，也就是可以容纳 64000 个 Token，这大大提高了模型处理长文档的能力。2025 年 3 月 26 日谷歌公司发布的 Gemini 2.5 Pro，其上下文窗口支持 100 万个 Token。

在实际使用中，具备较大上下文窗口的大模型，在面对大量文本时，仍然能够保持逻辑一致、上下文连贯的输出。32K 上下文窗口的大模型可以帮助用户编辑长达数万字的文档，而无须用户反复地提醒模型前面的内容，因为模型能够记住整个文档的结构和细节。

在具体的应用场景中，一个典型的例子是复杂的法律文本处理。在法律领域，合同和法规的长度通常相当可观，而这些文档中的条款和细节往往需要通过跨章节的引用和解释来理解。如果使用 32K 上下文窗口的 GPT 大模型，用户就可将整个法律文档作为一个整体输入，大模型将能够处理和分析整个文档，不仅可以总结关键点，还能准确生成依据上下文的解释和建议。例如，在处理一个复杂的合同文本时，合同的前半部分可能定义了某些法律术语，而这些术语在文档的后半部分频繁出现。传统的上下文窗口较小的模型可能在处理到后半部分时，已经忘记了前半部分定义的术语，从而无法准确理解文档。32K 上下文窗口的大模型则可以一直记住这些定义，并在整个文档的生成过程中保持一致性。另一个典型的例子是代码分析和生成。在软件开发领域，代码库通常非常庞大，尤其是在大型项目中。开发者需要用到项目的不同文件，而每个文件之间可能存在复杂的依赖关系。传统的大模型在处理这些代码时，往往因为上下文窗口的限制难以理解代码之间的依赖关系。而 32K 上下文窗口的 GPT 大模型能够处理整个代码库，帮助开发者生成新的代码片段或修复 bug（缺陷），甚至可以提供跨文件的分析建议。

但是，也有一些挑战需要考虑。首先，随着上下文窗口的增大，大模型的计算资源需求也显著上升，尤其是在训练和推理阶段，这对基础设施的要求非常高。大模型的计算量增加，也意味着生成时间可能会变长，这对于实时应用来说是一个需要权衡的因素。其次，尽管上下文窗口增大了，但大模型并不一定总能在非常长的文本中保持高效的记忆。比如，对于 32K 上下文窗口的 GPT 大模型，虽然大模型可以处理 32000 个 Token，但对于具体任务来说，过多的上下文信息可能会导致信息噪声，使大模型难以在大量的信息中找到关键点。因此，在某些应用场景中，用户需要对上下文进行合理的选择，确保输入的信息都是与任务高度相关的。

由于每个大模型都受上下文窗口大小的限制，所以，在使用大模型时，输入的内容一定不要超出上下文窗口。比如，DeepSeek-R1 大模型的上下文窗口是 64K，如果你把一个包含 20 万字的大型文档上传给它，让它帮你总结得到 1000 字的摘要，那么，由于 DeepSeek-R1 的一个对话窗口最多只能容纳 64000 个 Token，因此 20 万字的大型文档的内容会被自动截断，丢掉超出的部分，只保留窗口能够容纳的部分，最终，它会使用被截断后的"残缺不全"的文档来总结得到 1000 字的摘要。显然，这样得到的摘要肯定不能满足需求。

▶▶▶ 8.2.4 多轮对话

1. 多轮对话的基本原理

在使用 DeepSeek 和豆包等大模型工具时，用户开启一个新的聊天，应用程序后端会为该对话创建一个独立的会话，并分配唯一的会话 ID，这就确保了每个对话都是独立的，防止不同对话之间的混淆。

在新会话的开始，系统会向大模型提供一段隐藏的系统提示词。这段提示词用于设定大模型在整个对话中的角色、语气和行为准则。系统提示词一般包括如下内容。

（1）角色设定：让大模型扮演助理、教师、技术专家等特定身份。

（2）语言风格：规定回复使用正式、友好、幽默等特定语气。

（3）行为准则：让大模型遵守伦理规范、避免生成不适当内容等。

系统提示词对用户是不可见的，但对大模型的回复有着深远影响，它确保了大模型在整个对话过程中保持行为一致。

随着用户与大模型的交互，系统会将每一次的用户输入和大模型回复都按照时间顺序累积，形成当前会话的消息队列。这使得大模型在生成回复时可以参考先前的对话内容，保持连贯性和一致性。

当对话长度超过上下文窗口大小时，系统需要对输入进行截断。为了确保模型继续遵循最初的系统提示词，应用程序会采用如下措施。

（1）优先保留系统提示词：系统提示词始终位于输入的开头，不被截断。

（2）截断早期对话：从最早的对话开始移除，保留最近的交互内容。

在生成回复时，应用程序会将以下内容按照顺序拼接，形成当前的输入上下文。

（1）系统提示词：设定模型行为的隐藏指令。

（2）重要信息：用户提供的关键数据或参数（如果有）。

（3）最近的对话历史：包括最近几轮的用户输入和模型回复。

通过这种方式，大语言模型能够在一次交互中获得必要的上下文信息，生成符合预期的回复。

2. 多轮对话的实例演示

这里通过一个使用豆包进行聊天的具体实例来演示大模型中的多轮对话。

在本地计算机中打开豆包网页版，我们先进行第一轮对话。在提示词输入框中输入提示词"请你介绍一下厦门大学"，然后提交，豆包会给出回答，如图 8-2 所示。

图 8-2　豆包对话界面

我们分析一下第一轮对话的输入和输出。为了简化，这里忽略隐藏的系统提示词，在计算 Token 数量时，只考虑用户的输入和豆包的输出。输入是"请你介绍一下厦门大学"，按照单词切分为"请 / 你 / 介绍 / 一下 / 厦门 / 大学"，一共是 6 个 Token。豆包的输出内容较多，这里假设输出了 2000 个 Token。我们假设豆包的上下文窗口是 4K（实际上，豆包支持 4K、32K、128K 等多种上下文窗口，适配不同推理和精调需求）。这样，第一轮对话结束后，对话窗口内的 Token 数量是 2006 个，少于 4000 个，还没有超出上下文窗口大小的限制。

现在开始进行第二轮对话。继续在提示词输入框中输入提示词"不够详细，请你继续补充介绍"。输入的提示词按照单词切分为"不够 / 详细 /，/ 请 / 你 / 继续 / 补充 / 介绍"，一共是 8 个 Token。但是，这里我们需要思考一个问题。当我们向豆包提出"不够详细，请你继续补充介绍"时，豆包必须能够记住第一轮对话，否则无法做补充介绍。那么，豆包是如何记住刚才第一轮对话的呢？实际上，豆包大模型本身并不具备记忆能力，它记不住第一轮对话的内容，是豆包网页版的应用程序会把第一轮对话的输入和输出"打包"起来（一共是 2006 个 Token），和第二轮对话的提示词（8 个 Token）"合并"在一起，一共是 2014 个 Token，然后把这 2014 个 Token 一起提交给豆包大模型，这样，豆包大模型再根据这 2014 个 Token 的输入来回答问题，生成输出结果。假设第二轮对话的回答一共包含 3000 个 Token，这时，对话窗口内一共有 5014 个 Token。因为我们先前假设上下文窗口是 4K，所以，这时的对话内容已经超出了上下文窗口大小的限制。这时，大模型会自动截断最早的一些 Token，只保留最近的 4000 个 Token。这就意味着，大模型会"忘记"第一轮对话的一些内容，所以，当我们开启第三轮对话时，大模型的回答可能不会符合我们的预期。因此，在多轮对话中，一定要注意上下文窗口大小的限制。

另外，我们在多轮对话中还要注意另外一个问题，那就是"费用"问题。截至 2025 年 5 月，DeepSeek、豆包、文心一言等大模型都是免费使用的，主要因为各个大模型厂商还处于激烈的市场竞争阶段，谁都不敢收费，以免流失用户。但是，免费的午餐是不可能长久的。大模型的运行需要消耗巨量的算力资源，产生高昂的电费开销，任何一个大模型厂商都不可能长期承受，所以，在不久的将来，大模型开启收费模式是必然的。大模型是按照对话消耗的 Token 数量来计费的，比如，100 万个 Token 收取 1 元。对于多轮对话而言，随着对话轮数的增加，当前对话窗口内的 Token 是被累加计算的，所以，消耗的 Token 数量会迅速增加，产生大量的费用。因此，一旦开启收费模式，我们在使用大模型进行对话时，就应该尽量避免在一个对话窗口内反复提问，每完成一个问题的咨询，就应该开启一个新的对话窗口，清除以前的对话内容，避免 Token 的累加计算。

8.3　实战案例 1：与 DeepSeek 进行对话

▶▶▶ 8.3.1　快速体验 DeepSeek

在详细学习 DeepSeek 的具体用法之前，我们可以先快速体验一下 DeepSeek。访问 DeepSeek 官网，我们会看到图 8-3 所示的对话界面，提示词输入框的左下角有两个按钮，即"深度思考（R1）"按钮和"联网搜索"按钮，可以通过单击选中或取消选中，默认情况下，"深度思考（R1）"按钮处于选中状态，"联网搜索"按钮处于未选中状态。两个按钮的功能如下。

深度思考（R1）：表示触发更复杂的多步推理能力，适合需要逻辑链分析的场景，典型使用场景包括数学题 / 物理题推导、文学作品的隐喻分析、编程问题的架构设计、需要分步骤解释的操作指南等。当"深度思考（R1）"按钮处于选中状态时，DeepSeek 采用的是推理大模型 DeepSeek-R1；当这个按钮处于未选中状态时，DeepSeek 采用的是通用大模型（非推理大模型）DeepSeek-V3。

联网搜索：表示实时获取最新网络信息，适合时效性强的查询，典型使用场景包括查询实时股价 / 汇率、验证最新科研成果、获取突发事件进展、检索特定网页内容等。因为大模型在训练结束时不会知道训练结束以后这个世界产生的最新信息，所以，如果用户需要时效性较强的信息，需要选中"联网搜索"按钮。

图 8-3　DeepSeek 对话界面

在提示词输入框中输入"请模仿李白的《望庐山瀑布》作一首诗,题目是《看厦门鼓浪屿》",然后按回车键,或者单击提示词输入框右下角的箭头按钮,向 DeepSeek 发起提问。DeepSeek 给出的回答如图 8-4 所示,需要注意的是,大模型属于概率模型,每次生成的回答内容可能不完全相同。

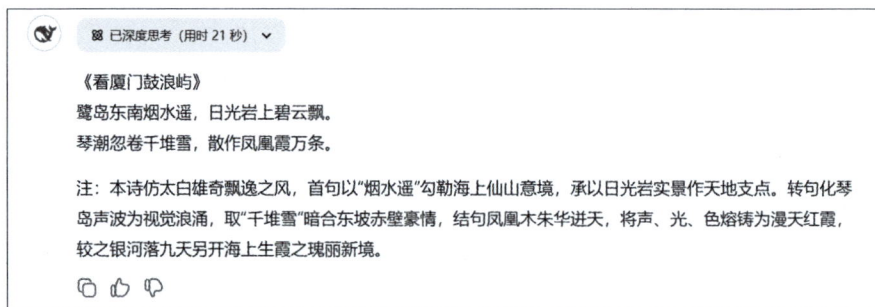

图 8-4　DeepSeek 给出的回答

▶▶▶ 8.3.2　DeepSeek 的基本用法

DeepSeek 的出现,大大简化了提示词的使用技巧,让用户可以更加轻松自然地与大模型进行对话。在使用 DeepSeek 时,用户无须刻意设计复杂的提示词,可以用日常对话的方式直接提问。以下是具体建议和示例,可以帮助读者快速掌握提问技巧。

1. 基本原则

向 DeepSeek 提问的基本原则是简单直接,自然表达。

(1)不用复杂结构。直接描述需求即可,无须添加"角色扮演"(如"假设你是专家")或复杂指令(如"用学术语言分三点回答")。比如,你可以直接向 DeepSeek 提问"什么是光合作用",而不建议使用提示词"请以生物学教授的身份,用三个段落解释光合作用,每段不超过 100 字"。

(2)多轮对话优化结果。如果对首次回答不满意,可通过追问寻求改善,无须一次性给出完美提示词。比如,第一轮输入"写一首关于秋天的诗",第二轮输入"加入一些悲伤的情绪",第三轮输入"把'落叶'换成比喻句"。

2. 不同场景的提问技巧(非必需,但可提升效率)

虽然简单提示词即可满足大多数需求,但在复杂任务中,适当提供背景信息或明确需求会让结果更精准,具体技巧如下。

(1)知识类问题的提问技巧。比如,基础提示词是"量子力学的基本原理是什么",优化后的提示词是"用通俗易懂的语言解释量子纠缠,适合高中生理解"。

(2)创作类任务(写作、编程等)的提问技巧。比如,基础提示词是"写一个关于人工智能的科幻短篇故事"，优化后的提示词是"写一个反乌托邦主题的科幻故事，主角是女性工程师，结局有反转"。

（3）实用建议（学习、工作等）的提问技巧。比如，基础提示词是"如何提高英语听力"，优化后的提示词是"我每天只有 30 分钟学习时间，有哪些高效的英语听力练习方法"。

（4）复杂任务（数据分析、代码调试）的提问技巧。比如，基础提示词是"这段 Python 代码报错了，帮我看看问题"，优化后的提问是"我的代码目标是爬取网页数据，但遇到 SSL 证书错误。报错信息如下：[粘贴代码]"。

3. 需要避免的提问方式

虽然 DeepSeek 容错性较强，但以下方式可能影响效率。

（1）过度模糊。比如，提示词"告诉我一些知识"范围太广，无法聚焦，可以改为"介绍一下区块链技术的主要应用场景"，这样会更加有焦点。

（2）多重需求混杂。比如，提示词"写一篇环保演讲稿，再帮我总结成 PPT 大纲，最后翻译成英文"包含了生成演讲稿、给出 PPT 大纲和翻译成英文 3 个不同的需求，应该把这 3 个需求分成 3 次提问。

（3）矛盾指令。比如，提示词"用 100 字以内详细解释相对论"中，"详细"与"100 字"是冲突的。

总结一下高效使用 DeepSeek 的技巧：像和朋友聊天一样提问，无须学习特定模板；分步细化需求，先提核心问题，再通过追问补充细节；复杂任务可提供背景信息（如代码报错信息、具体应用场景）；无须担心语法或格式，口语化表达也能被理解。

通过自然对话，DeepSeek 可以更灵活地理解你的需求。如果结果未达预期，只需补充一句"再详细一点"或"换个角度解释"，就能快速优化答案。

对于初学者，表 8-1 列出的 DeepSeek 的"魔法"指令也很有用，比如，你可以输入"/ 步骤如何用手机拍摄旅游照片"，DeepSeek 会按照步骤详细给出拍摄旅游照片的方法。再如，你可以输入"请解释量子计算，然后 / 简化"，DeepSeek 就会给出比较简明的回答。

表 8-1　DeepSeek 的"魔法"指令

指令	功能
/ 续写	当回答中断时自动继续生成
/ 简化	将复杂内容转换成大白话
/ 示例	展示实际案例（特别是写代码时）

指令	功能
/步骤	分步骤给出操作流程
/检查	帮用户发现文档中的错误

▶▶▶ 8.3.3　使用 DeepSeek 处理文档

单击图 8-3 中的回形针按钮可上传文件，DeepSeek 支持的文件类型包括文本类（PDF、DOCX、TXT、Markdown）、数据类（CSV、XLSX）和图像类（JPG、PNG）。然后，就可以输入提示词，比如，可以输入"总结这份年报的三个核心要点""提取合同中的责任条款制成表格""对比文档 A 和文档 B 的市场策略差异""从实验报告中整理所有温度数据""请识别图片中的文字"等。也可以使用一些指令来处理文档，如表 8-2 所示。

表 8-2　用于文档处理的 DeepSeek 指令

功能	指令模板	应用场景
内容摘要	/总结 [文件名] 生成 500 字摘要	快速把握长篇文档核心内容
问答提取	/问答 [文件名] 第三章提到的技术参数是什么	精准定位特定信息
数据可视化	/可视化 [文件名] 将销售数据生成折线图	转化表格数据为图表
跨文档对比	/对比 文件 A 和文件 B 的政策差异	合同 / 论文查重对比

用户还可以要求 DeepSeek 进行结构化输出，比如，可以输入如下提示词。

/解析文件 年度报告 .docx

输出要求：

1. 按"营收 / 利润 / 成本"分类；

2. 用 Markdown 表格对比近三年数据；

3. 关键增长点用 ✓ 标注。

8.4　实战案例 2：与文心一言进行对话

文心一言作为当下热门的智能助手，在我们的生活、工作和学习中扮演着越来越重要的角色。然而，想要充分发挥其功能，掌握一些实用的技巧是必不可少的。下面介绍文心一言的一些使用技巧。

1. 告诉文心一言你要的风格

在输入提示词时，明确指定你希望生成的文本内容的风格。这样，文心一言在理解并处理你的请求时，会更有针对性地调整其生成内容的风格，以满足你的具体需求。比如，可以使用如下提示词。

> 请按照要求写一篇 200 字左右关于云计算的介绍。注意事项：文章的受众是中学生，需要通俗易懂，语言风格需要幽默、风趣一些。

想要生成不同语气、风格的文字，可以在提示词中加入你想要的语气、风格作为限定条件，提示文心一言按照你的要求去输出。比如，如果你需要正式语气，可以在提示词中加入"请采用正式的词汇和语法结构，使内容显得庄重、严肃和专业"；如果你需要抒情语气，可以在提示词中加入"请使用富有感情和表达感情的词汇，使内容引发共鸣和情绪共振"；如果你需要口语化语气，可以在提示词中加入"请运用口语化的表达方式，如俚语、俗语和口头禅，使内容更加轻松和亲切"。

2. 告诉文心一言你要的结构

在构建提示词时，应明确指定期望的输出结构。比如，如果要求生成一篇文章，可以在提示词中明确指出"请按照引言—正文—结论的结构来撰写"。这样，文心一言在生成内容时，会遵循这一结构框架，使得输出更加条理清晰、逻辑严密。再如，如果要撰写给上级领导的方案、报告、总结，则可以使用如下提示词。

> 请按照【现状／问题／解决方案，数据洞察／问题概览／调研方向，数据／亮点／问题／经验】这个结构撰写一份关于我国芯片行业的总结报告。

3. 告诉文心一言你要的角色

在提示词中可以设定具体的角色或视角。例如，在要求创作故事时，可以明确指定"以一位勇敢探险家的视角讲述这段经历"。这样的提示词能引导文心一言在生成内容时，从特定角色的角度出发，赋予文本独特的情感色彩和叙事风格。此技巧有助于增强生成内容的代入感和故事性，使内容更加丰富和引人入胜。

下面是一段提示词实例。

> 请你作为一个小红书文案撰写高手，为我生成一篇小红书文案，要求：突出酒店的特色，介绍海景房、豪华单间、最新装修、免费早餐、无线上网等。

下面是另一段提示词实例。

> 我希望你能扮演记者的角色，按照我的要求撰写一份新闻调查报告，要求：调查油罐车不清洗直接运送食用油的事情，不要出现具体企业名称，要给出政府部门的处理态度。

4. 告诉文心一言你的内容要求

可以通过具体的提示词明确表达内容要求。无论是希望生成的文章主题、关键词汇，还是期望涵盖的信息点、情感倾向，都应在提示词中清晰呈现。这样做能让文心一言更准确地理解用户需求，生成更符合期望的内容。

比如，可以通过如下提示词表达自己的内容要求。

> 在6G专利申请方面，中国已经遥遥领先。2021年的数据显示，中国的6G专利申请量占比高达40.3%，稳坐世界第一的宝座。
>
> 请把上面的数据更新为目前最新的数据。

如果对输出的内容有比较多的要求或限制，不妨在提示词输入框中将这些内容要求一条一条地明确告诉文心一言，比如，可以采用如下提示词。

> 请以小红书的风格，按照以下要求帮我为"海景美食餐厅"写一篇小红书"种草"文案。
>
> 内容要求：
>
> （1）要有标题、正文；
>
> （2）标题不超过20字，正文尽量简短精练，要足够吸引眼球；
>
> （3）正文分段，层次分明，每段最少100字；
>
> （4）要用"首先、其次、最后"这种模式；
>
> （5）整篇文案不要超过1000字。

5. 告诉文心一言你想写的文体

明确指定文体，如散文、小说、诗歌、论文等，让文心一言理解并模拟该文体的语言特点、结构安排和表达习惯，从而输出更具针对性的内容。比如，可以采用提示词"请写一段'中秋赏月'的朋友圈文案，需要采用藏头诗的形式"。

6. 指导文心一言分步解决问题

将复杂问题拆解成多个简单、具体的步骤，作为提示词提交给文心一言。这样不仅能降低问题的处理难度，使文心一言更容易理解和响应，还能确保解决问题的过程更加系统、有条理。通过逐步引导，可以让文心一言逐步逼近问题的解决方案，提高答案的准确性和实用性。

比如，如果想让文心一言帮你制订一份旅行规划，可以使用如下提示词。

请为我规划一次为期一周的厦门自由行。

第1步：列出必去的景点，如厦门大学、鼓浪屿、环岛路、五缘湾、曾厝垵。

第2步：根据景点位置安排每日行程，确保交通便利。

第3步：推荐几家当地的特色餐厅，包括早餐、午餐和晚餐。

第4步：提供一家性价比高的酒店供住宿，并考虑其位置是否便于游览。

7. 告诉文心一言你要的内容的示例

明确沟通意图，通过具体示例引导文心一言理解你的需求。这有助于文心一言更准确地捕捉你的思维框架和期望的结果，减少误解。比如，可以使用如下提示词。

我是一位高校教师，请帮我写一份工作周报，内容尽量简洁。下面是我本周的工作内容。

（1）完成了5个本科生的毕业论文修改。

（2）撰写了教材的一章"云计算与大数据"。

输出示例：

【本周工作周报】

【本周工作进展】本周做了哪些事，产生了哪些结果？

【下周工作安排】基于本周的结果，下周要推进哪些事？

【思考总结】简要说说本周的收获和反思。

8. 文心一言你要的场景

在输入提示词时，应明确描述所需的上下文或环境背景，如"在科幻电影中描述一个未来城市的景象"或"请撰写一封给朋友的生日祝福信，场景设定在海边日落时"。这样做有助于文心一言更好地理解你的需求，生成更符合场景氛围和情境的内容，从而提升输出内容的贴切性和情感共鸣。

8.5 实战案例 3：使用讯飞智文生成 PPT

讯飞智文是科大讯飞旗下的 AI 一键生成 PPT、Word 文档的网站平台，是在讯飞星火认知大模型技术基础上开发的，主要功能有文档一键生成、AI 撰写助手、多语种文档生成、AI 自动配图、模板图示切换等。这里介绍如何使用讯飞智文快速生成 PPT。

步骤 1：注册用户。首先准备一个包含文本内容的 PDF 文件，这里假设为"微软蓝屏 .pdf"。访问讯飞智文官网，在首页（见图 8-5）单击"免费使用"按钮，然后按照提示完成注册（推荐使用手机号注册）。

图 8-5　讯飞智文官网首页

步骤 2：上传文件，生成提纲。如图 8-6 所示，单击"文档创建"按钮，在图 8-7 所示的界面中单击"点击上传"，把本地文件"微软蓝屏 .pdf"上传到平台（当然，也可以上传"微软蓝屏 .docx"）。文件上传结束后，单击"开始解析文档"按钮。解析结束以后，界面中会给出文档解析结果，如图 8-8 所示。如果对大模型自动解析生成的大纲不满意，可以单击"重新生成"按钮，如果满意，可以直接单击"下一步"按钮。

图 8-6　开始创建

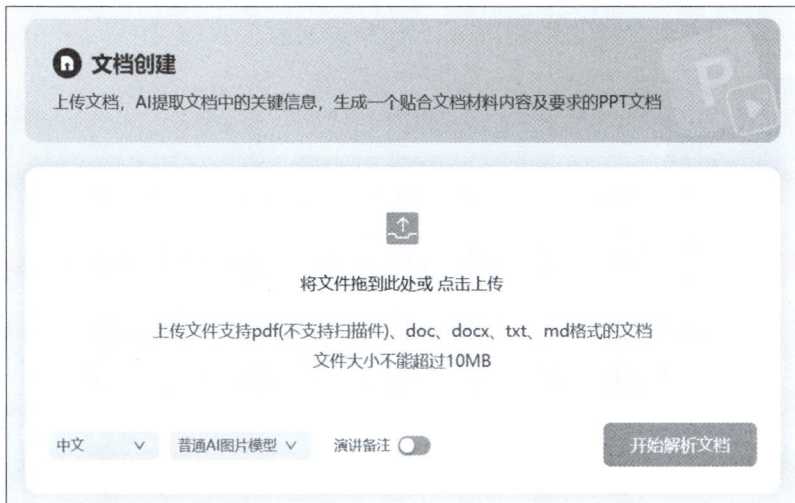

图 8-7　上传文件

图 8-8　文档解析结果

　　步骤 3：选择模板，生成 PPT。如图 8-9 所示，在打开的界面中选择想要的模板配色，比如，先单击"免费"，在"行业"栏和"风格"栏中都选择"全部"，在"颜色"栏中选择"蓝色"，然后选中列出的 PPT 模板中的一个，单击界面右上角的"开始生成"按钮。经过一段时间以后，就会看到自动生成的 PPT，如图 8-10

所示。单击界面右上角的"下载"按钮，按照系统提示完成费用支付，就可以把PPT保存到本地计算机中，然后根据自己的需求对PPT进行修改和完善。在本地计算机中打开自动生成的PPT，可以看出，AI制作PPT非常专业，逻辑清晰，配图精美，可以大大提高普通用户制作PPT的效率和水平。

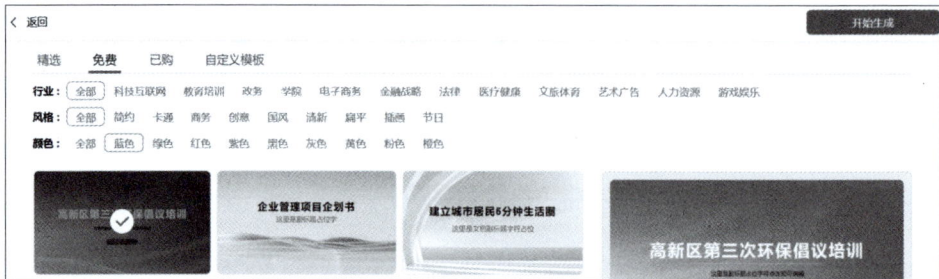

图 8-9　选择模板配色

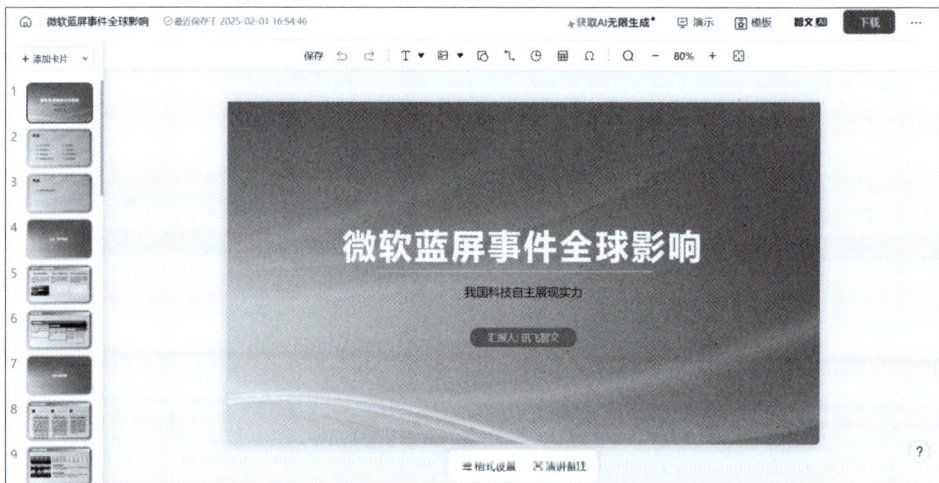

图 8-10　自动生成的 PPT

8.6　实战案例 4：使用 DeepSeek 和 Kimi 组合制作 PPT

本节我们借助 DeepSeek 生成 PPT 框架，包括主题、目录、各页简要内容等；然后使用 Kimi 根据生成的框架制作 PPT，包括选择合适的模板、风格、配色等，并进行必要的编辑和美化。

▶▶▶ 8.6.1　使用 DeepSeek 生成 PPT 大纲

步骤 1：登录 DeepSeek。确保本地计算机已连接到互联网，并打开常用的网页浏览器（如 Chrome）。在浏览器地址栏中输入 DeepSeek 官网网址，进入 DeepSeek 首页，如图 8-11 所示。单击"开始对话"按钮，进入"登录"界面，可以使用"手机号 + 验证码方式"登录，也可以使用微信账号或邮箱账号登录。登录成功后，进入 DeepSeek 对话界面，如图 8-12 所示。

图 8-11　DeepSeek 首页

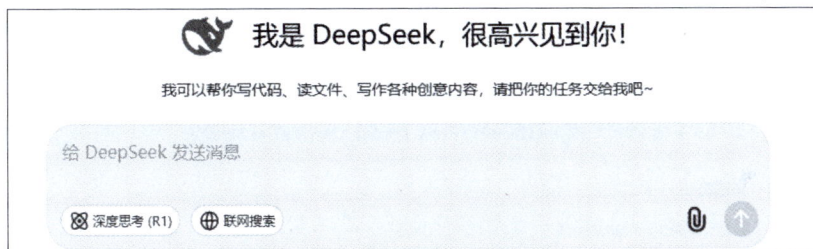

图 8-12　DeepSeek 对话界面

步骤 2：输入生成 PPT 大纲的提示词（注意：提示词可以采用"主题"+"目的"+"注意事项"的模板格式）。进入 DeepSeek 对话界面后，选中"深度思考（R1）"和"联网搜索"，然后在提示词输入框中粘贴或输入生成 PPT 大纲的提示词，如图 8-13 所示。要确保输入的文本内容清晰、准确，符合创作需求。

提示：要利用 DeepSeek 生成符合需求的 PPT 大纲，关键在于明确需求和结构化信息。以下是提示词的一些设置技巧。首先，需要明确 PPT 的主题、结构和目标受众；其次，可以指定 PPT 页数和内容要求，对于一些需要具体页面设计的 PPT，可以在提示词中进一步细化要求；最后，可以输入需要的语气和格式，如"使用简洁、有条理的表达方式"。

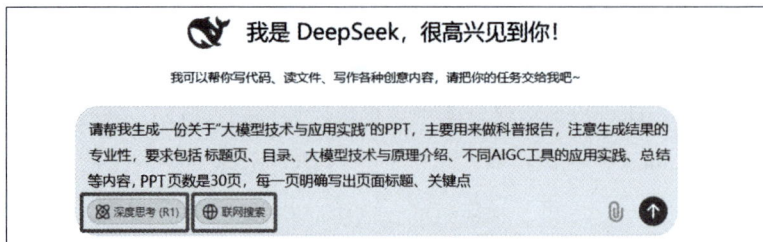

图 8-13　输入提示词并选中"深度思考（R1）"和"联网搜索"

步骤 3：保存 DeepSeek 生成的 PPT 大纲和框架。输入提示词后，单击箭头按钮，如图 8-14 所示。DeepSeek 大模型开始深度思考和分析，并输出 PPT 的框架设计，如图 8-15 所示。如有需要，可以调整提示词，重新生成。

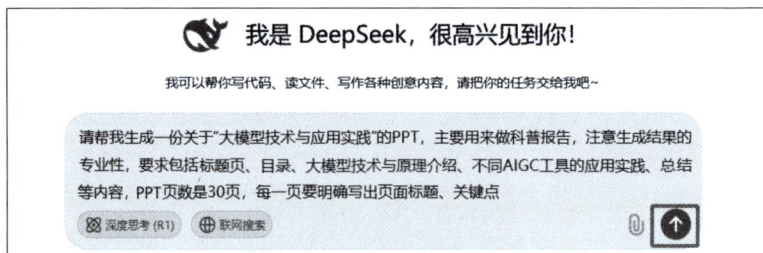

图 8-14　发送制作 PPT 的提示词

图 8-15　DeepSeek 输出 PPT 的框架设计

▶▶▶ 8.6.2 使用 Kimi 生成 PPT

步骤 1：登录 Kimi。在浏览器地址栏中输入 Kimi 官网网址，进入 Kimi 首页，如图 8-16 所示，单击右上方的"登录一下"按钮，可以使用"手机号 + 验证码方式"授权登录，也可以用微信扫码登录。登录成功后，单击左侧的"Kimi+"按钮，如图 8-17 所示，进入"Kimi+"功能界面，如图 8-18 所示。

图 8-16　Kimi 首页

图 8-17　"Kimi+"按钮

图 8-18　"Kimi+"功能界面

步骤 2：输入制作 PPT 的需求（这里直接复制 DeepSeek 生成的 PPT 大纲和框架）。单击"Kimi+"功能界面中的"PPT 助手"按钮，进入"PPT 助手"功能界面，如图 8-19 所示。将 DeepSeek 生成的 PPT 大纲和框架完整地复制到提示词输入框中，如图 8-20 所示，单击"发送"按钮，系统后台利用大模型工具自动解析大纲，生成 PPT 的目录。

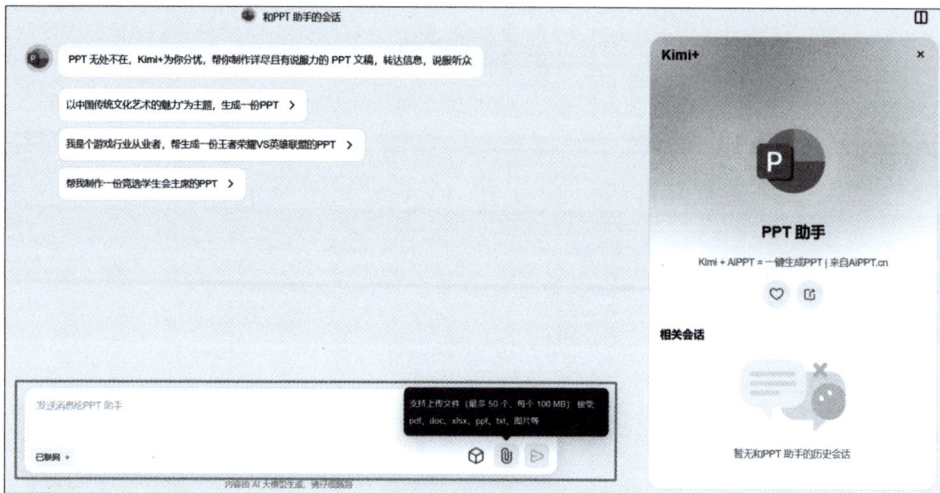

图 8-19　"PPT 助手"功能界面

图 8-20　复制 DeepSeek 生成的 PPT 大纲和框架到提示词输入框中

步骤 3：选择适合的 PPT 模板和风格一键生成 PPT。生成 PPT 目录后，单击"一键生成 PPT"按钮，如图 8-21 所示，然后选择适合的 PPT 模板和风格，例如，这里选择"科技"风格的 PPT 模板，如图 8-22 所示，单击"生成 PPT"按钮，稍等片刻，系统就会根据提供的内容和选择的模板生成 PPT。

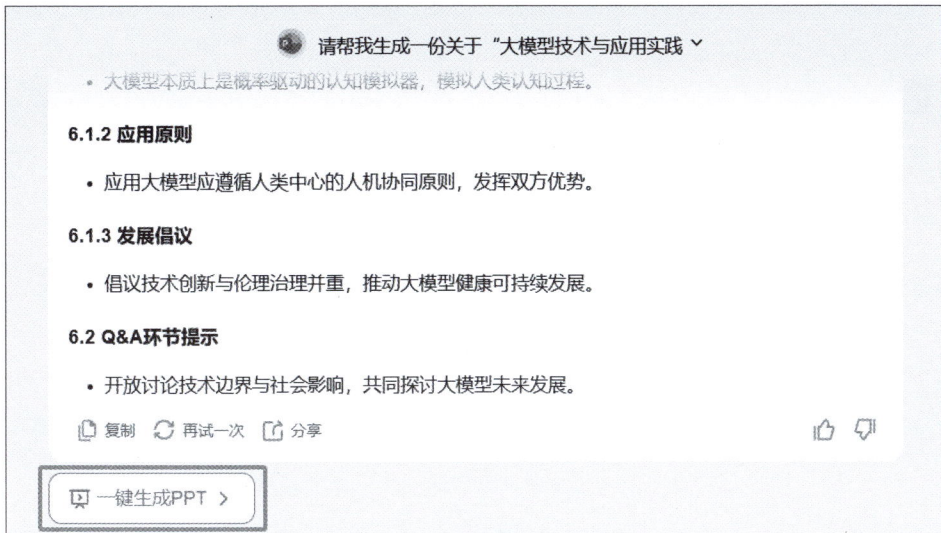

图 8-21　"一键生成 PPT" 按钮

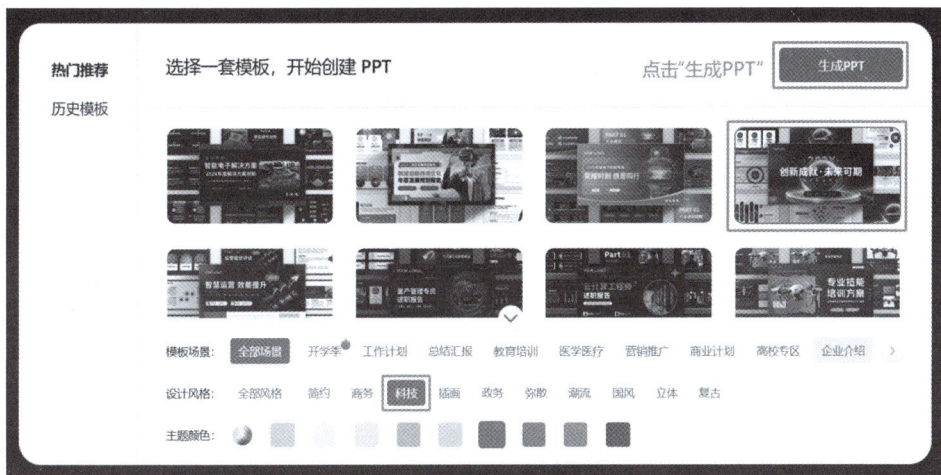

图 8-22　选择 PPT 模板和风格

　　步骤 4：编辑生成的 PPT 内容，确认无误后下载 PPT。PPT 生成后，可以单击"去编辑"按钮，如图 8-23 所示，对自动生成的 PPT 进行个性化编辑和调整。编辑完成并确认无误后，可以单击右上角的"下载"按钮，如图 8-24 所示，将生成的 PPT 保存到本地。

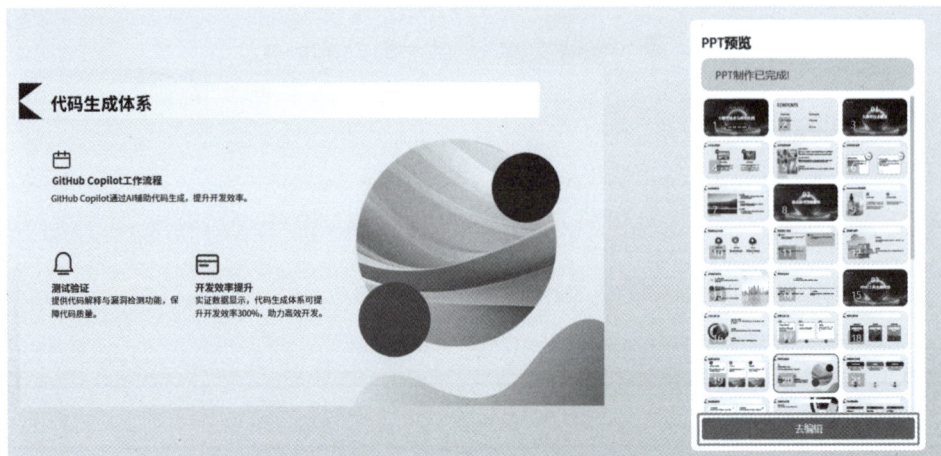

图 8-23　对自动生成的 PPT 进行个性化编辑和调整

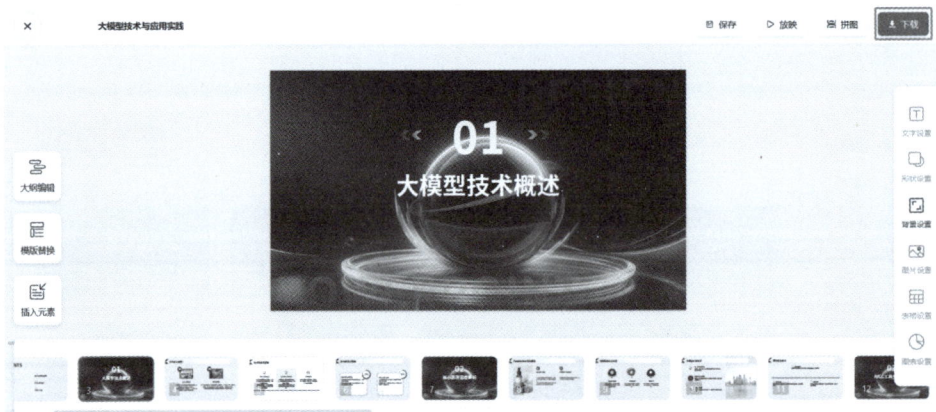

图 8-24　编辑和下载 PPT

第 9 章
图片类 AIGC 应用实践

　　图片类 AIGC 是一种基于 AI 技术生成图片的方法，它利用深度学习、生成对抗网络等先进算法，通过学习和模仿大量图像数据，能够自动创作出高度真实和艺术化的图片。AIGC 在图像生成、修复、风格转换、艺术创作等领域展现出强大能力，为数字艺术、设计、游戏、电影等多个行业带来创新解决方案。其优势包括高效性、多样性和自动化，能够快速生成大量高质量的图像内容，满足各种复杂需求。图片类 AIGC 大模型主要包括 Midjourney、Stable Diffusion SDXL、即梦 AI 等。

　　本章首先介绍图片类 AIGC 的应用场景，然后给出 7 个实战案例，包括创意图片生成、AI 修图与老照片修复、图片扩展与高清化、智能抠图与图片融合、涂抹消除与局部重绘、AI 绘画艺术创作、真实照片转成二次元风格等。

9.1　图片类 AIGC 的应用场景

　　图片类 AIGC 的应用场景非常广泛，主要包括图像生成、图像修复、图像增强和图像识别等方面。

　　（1）图像生成：AIGC 能够生成高度逼真的图像，如人脸、动物、建筑物等。例如，OpenAI 发布的 DALL-E 人工智能模型可以根据提示词创作出全新的、原创的图像，展示了 AI 在图像创作方面的强大能力。

　　（2）图像修复：AIGC 可以修复损坏的图像，如去除噪声、填充缺失的部分等。这项技术对于保护和恢复古老的艺术作品、修复损坏的照片等具有重要意义。

　　（3）图像增强：通过对图像进行增强处理，AIGC 可以增强图像的饱满感、强化细节，使图像质量得到提升。这在提升照片的视觉效果、改善图像的清晰度和细节方面非常有用。

（4）图像识别：AIGC 在图像识别方面有广泛应用，可以识别图像中的对象、场景和特征，如人脸识别、车牌识别等。这项技术对于安防监控、智能搜索、自动驾驶的发展至关重要。

9.2 实战案例 1：创意图片生成

本节使用 AIGC 工具即梦 AI，根据给定的主题或描述生成富有创意和艺术感的图片，并探索不同提示词对生成结果的影响。

步骤 1：打开 AIGC 工具即梦 AI。在浏览器中打开即梦 AI 官网，注册并登录后，进入图 9-1 所示的即梦 AI 首页。即梦 AI 是面向所有用户、满足日常需求的国内领先的 AIGC 综合平台。

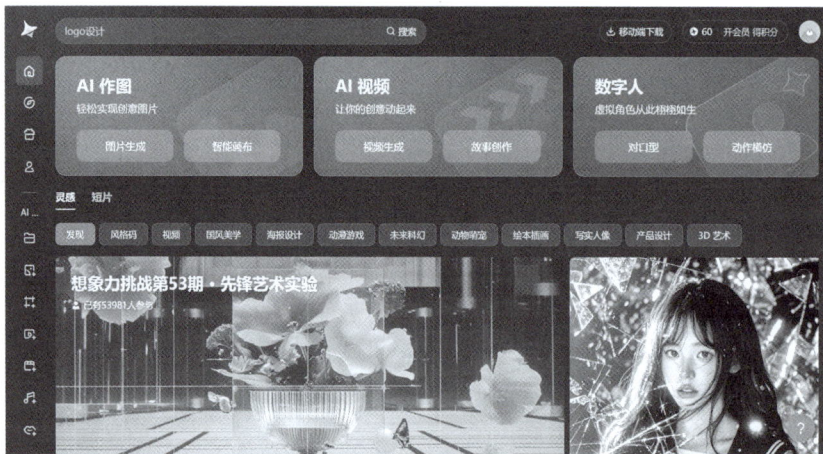

图 9-1 即梦 AI 首页

步骤 2：进入创作界面。单击上方"AI 作图"栏的"图片生成"按钮，进入创作界面，如图 9-2 所示，创作类型主要分为图片生成和视频生成。接下来将对"图片生成"的具体操作进行介绍。

步骤 3：缩写提示词。首先想好主题，如"梦幻森林中的精灵聚会"。然后编写不同详细程度的提示词，比如，可以使用详细的提示词"一片充满神秘气息的梦幻森林，树木高大且闪烁着奇异光芒，精灵们身着华丽服饰在森林空地上举办热闹聚会，有魔法元素环绕"，也可以使用比较简单的提示词"梦幻森林，精灵聚会"。

图 9-2 "图片生成"创作界面

步骤 4：生成图片。在左侧的提示词输入框中描述想要生成的图片，首先输入简略提示词"梦幻森林，精灵聚会"，设置生图模型为"图片 2.0 Pro"，精细度为"5"，图片比例为"16：9"，图片尺寸为"W 1024""H 576"，如图 9-3 所示。

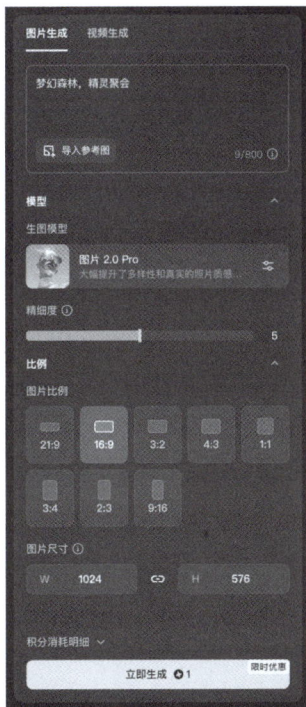

图 9-3 输入提示词并设置

单击"立即生成"按钮，稍等片刻后，在右侧的图片生成区就可以看到新生成的 4 张图，如图 9-4 所示。

图 9-4　用简略提示词生成的图片

然后，重新输入较为详细的提示词"一片充满神秘气息的梦幻森林，树木高大且闪烁着奇异光芒，精灵们身着华丽服饰在森林空地上举办热闹聚会，有魔法元素环绕"，其他设置不变，生成 4 张新图，如图 9-5 所示。

图 9-5　用较为详细提示词生成的图片

接下来，使用更加详细的提示词。

在一片弥漫着古老魔法与无尽神秘气息的梦幻森林深处，高耸入云的树木仿佛直插天际，它们的树干上缠绕着散发着柔和蓝光的藤蔓，树叶则在微风中轻轻摇曳，闪烁着翠绿与银白交织的奇异光芒。月光透过稀疏的树冠，洒下斑驳陆离的光影，为这片森林增添了几分幽静与奇幻。

森林的中心地带，一块被精心清理过的空地上，正举办着一场热闹非凡的精灵聚会。精灵们身着用自然界最绚烂色彩编织而成的华丽服饰，有的裙摆轻拂过地面，如同绽放的花朵；有的佩戴着由露珠和星辰碎片制成的饰品，在灯光下熠熠生辉。他们的笑声清脆悦耳，与远处小溪潺潺的水声交织成一首动人的乐章。

聚会上，各式各样的魔法元素无处不在。空中漂浮着几个小巧的魔法灯笼，它们自动排列成各种图案，为聚会提供柔和而神秘的光源。一些精灵手持魔法杖，轻轻一挥便能召唤出绚烂的烟花或者让周围的花朵瞬间绽放。更有精通音律的精灵，以魔法为弦，弹奏出能触动心灵深处的旋律，让整个森林都为之动容。

其他设置不变，生成结果如图 9-6 所示。

图 9-6　用更加详细提示词生成的图片

步骤 5: 结果分析与对比。观察并对比由不同提示词生成的图片，从画面丰富度、元素契合度、艺术感染力等方面进行评估，分析提示词的详细程度、描述准确性如何影响生成图片的质量和内容呈现。从三组结果中分别选取一张较为满意的图片进行对比，如图 9-7 所示。

图 9-7　三组提示词生成的图片对比

9.3　实战案例 2: AI 修图与老照片修复

本节使用百度 AI 图片助手对一张普通照片进行修图优化，并通过魔搭社区对一张褪色的老照片进行修复，对比修图前后效果并分析不同修复策略。

步骤 1: 打开百度 AI 图片助手。在浏览器中打开百度图片首页，如图 9-8 所示。

图 9-8　百度图片首页

　　单击右上角的"登录"按钮,注册并登录成功后,选择搜索框下方的 AI 创作工具,如"变清晰",即可进入百度 AI 图片助手界面,如图 9-9 所示。

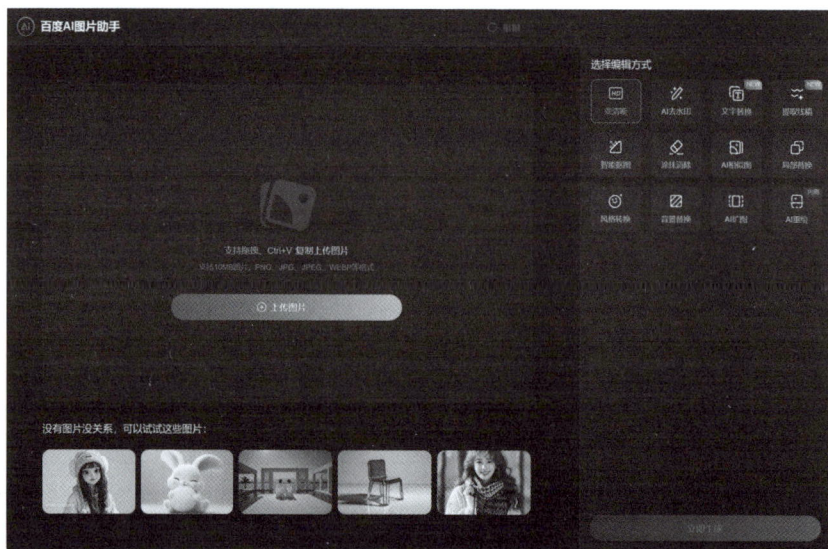

图 9-9　百度 AI 图片助手界面

　　步骤 2:上传照片。单击中间的"上传图片"按钮,上传"普通人物照片 .jpg"(可以通过本书在高校大数据公共课程服务平台的访问网址下载,详见前言),此照片存在光线较暗、清晰度不够等问题,如图 9-10 所示。

图 9-10　普通人物照片

步骤 3：普通照片修图操作。上传完毕后，百度 AI 图片助手默认使用"变清晰"功能自动生成效果图，如图 9-11 所示。

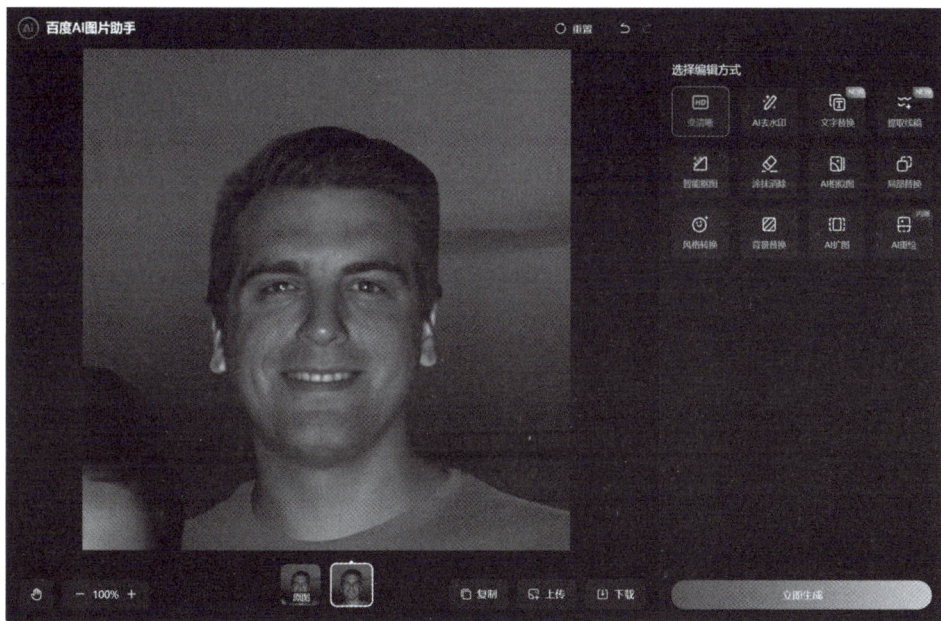

图 9-11　效果图

步骤 4：保存图片。可以看到，照片提高了亮度，使人物面部更清晰，提高了色彩饱和度，使用细节增强算法突出了头发和眼睛等部位的细节。如果觉得效果满意，单击右下方的"下载"按钮即可保存图片，修图后的人物照片如图 9-12 所示。

图 9-12　修图后的人物照片

　　步骤 5：打开魔搭社区的 AI 老照片修复界面。注册并登录魔搭社区，在"创空间"中搜索"AI 老照片修复"，然后选择通义实验室创建的"AI 老照片修复项目"，进入图 9-13 所示界面。

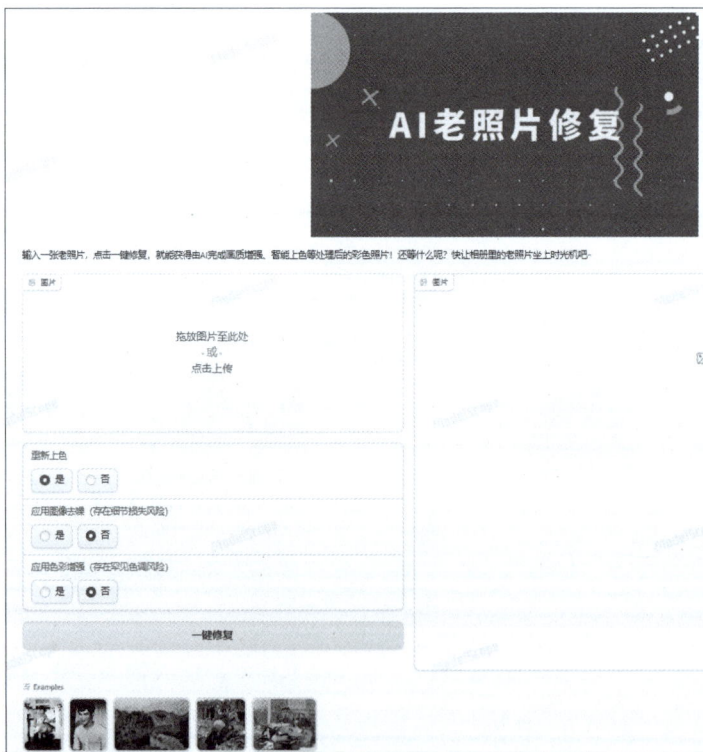

图 9-13　AI 老照片修复界面

步骤 6：上传老照片。单击左侧的"点击上传"，上传"黑白老照片 .png"（可以通过本书在高校大数据公共课程服务平台的访问网址下载，详见前言），如图 9-14 所示。

图 9-14　黑白老照片

步骤 7：老照片修复。上传图片后，将左侧的"重新上色""应用图像去噪""应用色彩增强"选中"是"单选按钮，然后单击"一键修复"按钮，观察照片在色彩、清晰度等方面的变化，如图 9-15 所示。

图 9-15　老照片修复

步骤 8：保存图片。完成重新上色、去噪和色彩增强后，照片色彩更加生动，同时突出了面容、服饰等部位的细节。如果觉得效果满意，可下载效果图进行保存，修复后的老照片如图 9-16 所示。

图 9-16　修复后的老照片

9.4　实战案例 3：图片扩展与高清化

本节使用百度 AI 图片助手，对一张尺寸较小且分辨率较低的图片进行扩展放大，并提升清晰度。

步骤 1：打开百度 AI 图片助手并上传图片。在百度图片首页选择 AI 创作工具"变清晰"，然后在百度 AI 图片助手界面上传一张 300 像素×200 像素的小尺寸山区风景图"低分辨率山区风景图 .png"（可以通过本书在高校大数据公共课程服务平台的访问网址下载，详见前言），图片存在模糊和锯齿现象，如图 9-17 所示。

步骤 2：图片扩展操作。上传完图片后，百度 AI 图片助手默认进行一次"清晰化"操作，我们可以看到图片变清晰了。在右侧单击"AI 扩图"，选择拓展比例为"1∶1"，如图 9-18 所示。

图 9-17　低分辨率山区风景图

图 9-18　进行"AI 扩图"操作

步骤 3：保存图片。单击右下方的"立即生成"按钮，稍等片刻后，点击"下载"按钮，得到一张 1024 像素 ×1024 像素的山区风景图，如图 9-19 所示。

图 9-19　经过清晰化和扩展放大的山区风景图

9.5 实战案例4：智能抠图与图片融合

本节使用即梦 AI 对两张图片分别进行智能抠图，然后对将抠出的主体进行创意叠加合成，探索不同叠加方式和抠图精度对合成效果的影响。

步骤 1：打开即梦 AI 的智能画布界面。在即梦 AI 首页左侧选择"智能画布"，进入图 9-20 所示的界面。

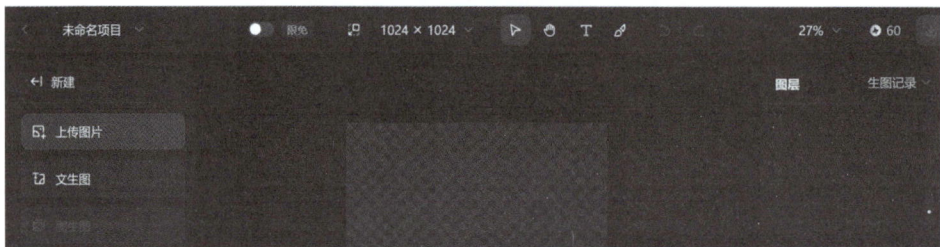

图 9-20 即梦 AI"智能画布"界面

步骤 2：上传人物图片。单击左侧的"上传图片"按钮，上传 "小女孩骑单车 .png"（可以通过本书在高校大数据公共课程服务平台的访问网址下载，详见前言），如图 9-21 所示。

图 9-21 小女孩骑单车

步骤 3：抠图操作。单击图片右上方的"抠图"按钮，智能画布将自动识别人像主体区域，如图 9-22 所示，然后单击图片下方的"抠图"按钮，即可实现智能抠图。

图 9-22　智能画布自动识别人像主体区域

步骤 4：保存图片。观察智能抠图效果，如图 9-23 所示，可通过缩放图片来检查人物边缘是否存在毛边或误抠现象。比如，这里可以看到小女孩的头发并没有被完整抠取，可以选择图片上方功能区的"画笔""橡皮擦"等进行调整。如果对抠图效果满意，可以单击"完成编辑"按钮，再单击右上角的"导出"按钮保存图片。

图 9-23　智能抠图效果

步骤 5：上传风景图片。单击左侧的"上传图片"按钮，上传需要作为背景的图片"日落沙滩 .png"（可以通过本书在高校大数据公共课程服务平台的访问网址下载，详见前言），如图 9-24 所示。

图 9-24　日落沙滩

步骤 6：调整图层。首先，在界面右侧单击"图层 2"后，单击上方功能区的"画板适应内容"按钮。然后，从界面右侧拖曳"图层 1"到左侧的图片编辑区，使人物在风景之上，通过缩放人物大小，使其和背景比例协调，如图 9-25 所示。

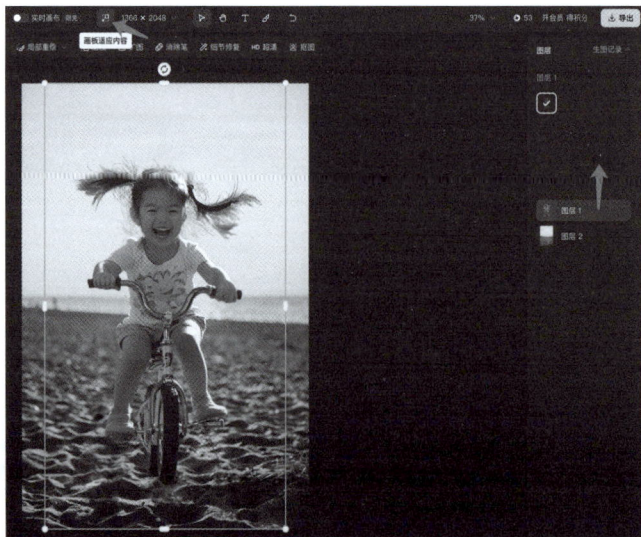

图 9-25　调整图层

步骤 7：图片融合操作。单击图片上方功能区的"融图"按钮，即梦 AI 会提示选择需融合的"前景图层"和"背景图层"，这里选择人物图片作为前景，风景图片作为背景，如图 9-26 所示。我们还可以在下方的文本框中写入提示词，描述想要的色调和光影。

图 9-26　图片融合操作

然后单击下方的"立即融图"按钮，即梦 AI 将生成 4 张融合后的效果图。选择一张比较满意的图片，单击"完成编辑"按钮，最后单击右上方的"导出"按钮，即可进行保存，图片融合效果如图 9-27 所示。

图 9-27　图片融合效果

步骤 8：结果分析与创意探索。不同的图片叠加算法和抠图精度对最终效果都会造成影响，读者可以尝试不同图片组合和叠加创意，例如，用多个抠取元素进行复杂的合成，进一步挖掘智能抠图与图片融合在创意制作中的潜力。

9.6 实战案例 5：涂抹消除与局部重绘

本节使用即梦 AI 对一张有瑕疵和多余元素的图片进行涂抹消除处理，并利用局部重绘功能对图片特定区域进行创意修改，观察不同涂抹参数和编辑策略对图片效果的影响。

步骤 1：打开即梦 AI 智能画布并上传图片。在浏览器中打开即梦 AI 智能画布界面，上传一张有背景墙污渍、小动物和水印的"待处理的产品照片 .png"（可以通过本书在高校大数据公共课程服务平台的访问网址下载，详见前言），如图 9-28 所示。

图 9-28　待处理的产品照片

单击上方功能区的"画板适应内容"按钮,如图9-29所示,使图片铺满整个画布。

图 9-29　画板适应内容

步骤2:涂抹消除操作。选择上方功能区的"消除笔",设置画笔大小为"30"。在图片上按住鼠标左键对右下角的水印文字进行涂抹,然后,单击下方的"消除"按钮,如图9-30所示。

（a）消除前　　　　　　　　（b）消除后

图 9-30　消除水印

继续使用画笔涂抹照片里闯入的小猫和背景墙上的污渍,如图9-31所示。

（a）消除前　　　　　　（b）消除后

图 9-31　消除小猫和污渍

　　单击"完成编辑"按钮后，再分别单击上方功能区中的"细节修复"和"HD 超清"按钮（见图 9-32），最终得到涂抹消除杂物的图片。"细节修复"和"HD 超清"功能使用前后对比如图 9-33 所示。需要注意的是，"细节修复"功能会改变物体原貌，请酌情使用。

图 9-32　"细节修复"和"HD 超清"按钮

（a）使用前　　　　　　（b）使用后

图 9-33　"细节修复"和"HD 超清"功能使用前后对比

步骤3：局部重绘操作。单击上方功能区中的"局部重绘"按钮，用默认画笔在图片中涂抹出需要重绘的区域，也可以单击"快速选择"按钮，再单击图片中的背景墙区域，自动选取整个背景墙作为重绘区域。接下来就可以发挥自己的创意了，在下方的文本框中描述想要重新绘制的内容。单击框右侧的按钮可进行重绘程度调节，如图9-34所示。

（a）使用前　　　　　　　　　（b）使用后

图9-34　"局部重绘"操作

输入"花朵随风飘落"，即梦AI会生成4张效果图，如图9-35所示。

（a）效果图1　　　　（b）效果图2　　　　（c）效果图3　　　　（d）效果图4

图9-35　"局部重绘"效果图

步骤4：优化处理。这里选择图9-35（d），但图中的墙线太明显，不太美观，可以继续对该图进行涂抹消除处理，还可以使用"细节修复"和"HD超清"功能对图片进行优化处理。原图和最终效果对比如图 9-36 所示。

（a）原图　　　　　　　　　　（b）最终效果

图 9-36　原图和最终效果对比

步骤 5：效果整合与评估。从图片的整洁度、创意元素添加效果、视觉吸引力等方面进行评估，总结不同涂抹参数和局部重绘策略在处理图片瑕疵和添加创意效果方面的实用性和灵活性，思考如何根据不同的图片需求合理运用这些功能。

9.7　实战案例 6：AI 绘画艺术创作

本节利用豆包的绘画功能，以"水乡小镇的日常生活"为主题，创作四种风格的艺术作品，通过输入提示词和调整绘画风格，探索 AI 在表现真实生活细节和文化氛围方面的潜力。

步骤 1：打开豆包"图像生成"功能界面。在浏览器中打开豆包首页，注册并登录后，单击提示词输入框下方的"图像生成"按钮，进入图 9-37 所示的界面。

图 9-37 豆包"图像生成"功能界面

步骤 2：生成写实风格的作品。在提示词输入框中输入提示词"江南水乡的小镇，清晨薄雾笼罩，小桥流水，白墙黛瓦的房屋倒映在河面上，居民划着小船，街边有小贩叫卖，画面真实而富有生活气息。写实风格，细节级别高，中等色彩饱和度。"，单击提示词输入框右下角的箭头按钮，等待作品生成。豆包会自动生成4 张效果图，如图 9-38 所示。

图 9-38　生成写实风格的作品

步骤 3：生成中国工笔画风格的作品。在提示词输入框中输入提示词"江南水乡，小桥流水人家，白墙黛瓦，居民划着乌篷船，画面线条细腻，色彩淡雅，展现传统水乡之美。中国传统工笔画风格，线条精细度高，色彩层次清新淡雅。"，单击提示词输入框右下角的箭头按钮，等待作品生成。豆包会自动生成 4 张效果图，如图 9-39 所示。

图 9-39　生成中国工笔画风格的作品

步骤 4：生成摄影风格的作品。在提示词输入框中输入提示词"江南水乡小镇，清晨薄雾中，小桥流水，居民划船而过，街巷安静，小贩开始摆摊，场景如同摄影作品般真实。摄影风格。光影效果：晨光柔和。细节刻画：真实细腻。画面比例：16：9（增强摄影感）。"，单击提示词输入框右下角的箭头按钮，等待作品生成。豆包会自动生成 4 张效果图，如图 9-40 所示。

步骤 5：生成漫画风格的作品。在提示词输入框中输入提示词"江南水乡的小镇，小桥流水，乌篷船轻轻划过河面，居民与小贩互动，场景色彩明亮，线条简洁，画面具有卡通感和故事性，适合用作插图。线条风格：清晰明快。色彩饱和度：高。氛围效果：轻松生动。画面比例：4：3。"，单击提示词输入框右下角的箭头按钮，等待作品生成。豆包会自动生成 4 张效果图，如图 9-41 所示。

图 9-40　生成摄影风格的作品

图 9-41　生成漫画风格的作品

9.8 实战案例7：真实照片转成二次元风格

本节利用豆包的图像生成功能，将上传的真实照片转换成对应的二次元风格图片。

步骤 1：打开豆包 "图像生成"功能界面。在豆包首页注册并登录后，单击提示词输入框下方的"图像生成"按钮。

步骤 2：上传人物照片。单击提示词输入框左下角的"参考图"按钮，上传"人物摄影照片.jpg"（可以通过本书在全国高校大数据公共课程服务平台的访问网址下载，详见前言），如图 9-42 所示。

图 9-42　人物摄影照片

步骤 3：选择风格并补充提示词。上传完毕后，单击提示词输入框下方的"风格"按钮，在弹出的风格选项中选择"二次元"，还可以在提示词输入框里补充提示词，如"喝咖啡的少女，超高画质，多重细节，比例 9：16"，如图 9-43 所示。

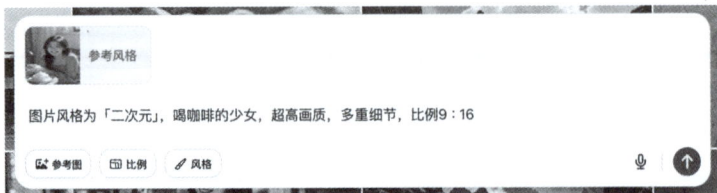

图 9-43　选择"二次元"风格并补充提示词

单击提示词输入框右下角的箭头按钮，等待作品生成。豆包生成4张效果图，如图9-44所示。

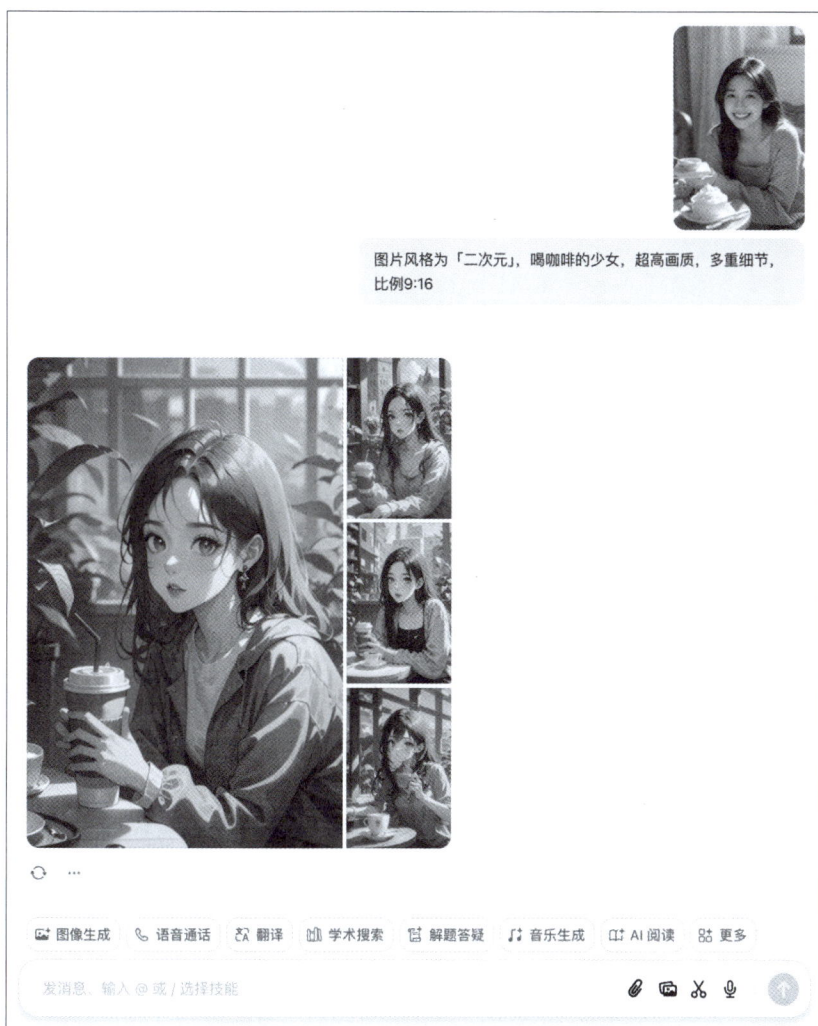

图 9-44　生成二次元风格的作品

第 10 章
语音类 AIGC 应用实践

语音类 AIGC 是一种利用 AI 技术（特别是语音识别、自然语言处理和语音合成技术）自动生成和处理语音内容的技术。它能够模拟人类语音，实现语音到文本的转换、文本到语音的合成，以及语音情感分析等功能，广泛应用于智能语音助手、智能客服、语音翻译等多个领域。我国具有代表性的语音类 AIGC 大模型包括文心一言、通义千问、讯飞智作、豆包等。

本章首先介绍语音类 AIGC 的应用场景，然后给出 3 个实战案例，包括豆包大模型的语音类功能用法、使用腾讯智影进行文本配音、使用米克智能进行语音克隆等。

10.1 语音类 AIGC 的应用场景

从日常生活到专业应用，语言类 AIGC 都展现出独特的价值和潜力。以下是语音类 AIGC 的主要应用场景。

（1）智能语音助手：智能语音助手是语音类 AIGC 最常见的应用场景之一。通过语音识别和自然语言处理技术，智能语音助手能够理解用户的语音指令，并提供相应的服务，如查询天气、播放音乐、设定提醒、控制智能家居设备等。

（2）智能客服：在客户服务领域，智能客服机器人通过语音类 AIGC 技术能够自动回答用户的问题，提供产品咨询、售后支持等服务。智能客服机器人能够 24 小时不间断地提供服务，减轻人工客服的工作压力，提高客户服务的效率和质量。

（3）语音合成与转换：语音合成技术可以将文本转换为语音，而语音转换技术可以实现不同声音之间的转换，这些技术在有声读物、广告配音、游戏开发等领域有着广泛的应用。

（4）虚拟人物与数字人：基于语音类 AIGC 技术，用户可以创建出具有自然语言处理能力的虚拟人物或数字人。这些虚拟人物或数字人可以用于娱乐、教育、营销等多个领域，作为娱乐角色、教学助手、品牌代言人等，为用户提供更加生动、有趣的交互体验。

（5）语音翻译：语音翻译技术可以实现从语音到语音的实时翻译，使不同语言之间的交流变得更加便捷。语音翻译技术促进了全球范围内的跨文化交流，为国际贸易、旅游、教育等提供了有力支持。比如，我国的科大讯飞翻译机，外形类似于一部智能手机，具备多语种离线语音翻译功能，可以在用户出国旅游时实现对不同国家口语的实时翻译。

（6）语音分析与情感识别：语音类 AIGC 技术可以对用户的语音进行分析，识别出其中的情感倾向、语调变化等信息，这可以用于舆情监测、心理评估、人机交互等多个领域。

（7）智能驾驶舱与车载语音助手：在智能驾驶舱中，车载语音助手可以通过语音类 AIGC 技术实现与驾驶员的语音交互，提供导航、娱乐、车辆控制等服务。车载语音助手提高了驾驶的安全性，使驾驶员可以在不分散注意力的情况下完成各种操作。

10.2 实战案例 1：豆包大模型的语音类功能用法

一般情况下，普通用户在手机上使用语音类 AIGC 大模型的场景比较多，因此，这里介绍手机版豆包的使用方法。

在智能手机上下载并安装豆包 App。进入豆包 App，会看到图 10-1 所示的对话界面，按住语音按钮对着手机说话，把自己的需求说出来，比如，可以说"请介绍一下厦门大学"，然后松开语音按钮，豆包就会开始回答你提出的问题。豆包 App 支持实时翻译，你可以语音输入"厦门大学的英文名称是什么"，豆包会马上给出翻译结果。

豆包 App 不仅支持语音输入，也支持文字输入，只要输入提示词，豆包就会给出回答。

豆包 App 也支持 AI 绘图功能，你可以用手指点击图 10-1 所示界面左上角的"<"按钮，在对话列表界面中点击"AI 图片生成"，然后输入提示词，比如，通过文字或者语音输入"请帮我绘制一张图片，一个 9 岁的小女孩在海边沙滩上玩沙子"，豆包就会自动生成满足要求的图片，你可以把图片保存到手机中。

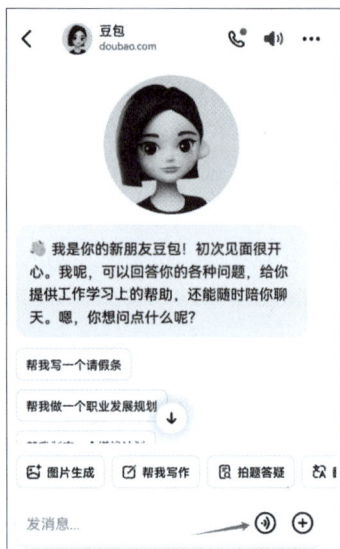

图 10-1　豆包 App 的对话界面

　　豆包 App 还有一个很实用的功能，就是帮助你进行英语口语对话练习。如图 10-2 所示，你可以在对话列表界面选择"英语口语聊天搭子"，就可以进入英语口语聊天界面，如图 10-3 所示。按住界面右下角的语音按钮，就可以开始用英语语音聊天了，你说完一句英语，松开语音按钮，豆包就会自动用英语语音回答你，然后你可以继续输入语音进行后续对话。

图 10-2　豆包 App 的对话列表界面

图 10-3 英语口语聊天界面

10.3 实战案例 2：使用腾讯智影进行文本配音

本节借助腾讯智影将文本内容自动转换为高质量的音频输出。

步骤 1：登录腾讯智影平台。在浏览器中打开腾讯智影登录界面，如图 10-4 所示。单击"登录"按钮后，可使用微信登录、手机号登录或 QQ 登录，也可以选择"账号密码登录"，按照提示完成账号的创建。

图 10-4 腾讯智影登录界面

步骤 2：输入文本内容。登录后，在腾讯智影首页找到"文本配音"工具入口，如图 10-5 所示。单击"文本配音"，在打开的"文本配音"功能界面中有一个文本框，支持 8000 字以内的文本配音，如图 10-6 所示，在此处可以粘贴或输入你想要转换成音频的文本，如图 10-7 所示；也可以通过导入文件的方式来输入文本内容，导入的文件支持 DOC、DOCX 和 TXT 等多种格式。需要注意的是，要确保文本内容清晰、准确，符合创作需求。

图 10-5 腾讯智影"文本配音"工具入口

图 10-6 "文本配音"功能界面

图 10-7 在文本框中输入文本

步骤 3：选择音色。文本输入完成后，在界面左侧工具栏单击"选择音色"，进入"选择音色"界面，如图 10-8 所示，可以在不同场景里选择合适的音色和配音主播，也可以通过音色搜索框来搜索适配的音色。腾讯智影文本配音支持的场景包括但不限于对话闲聊、新闻资讯、影视综艺、知识科普、游戏动漫、纪录片等，而且支持多语种配音。单击每种音色的配音主播，可试听不同风格的音频样本，根据需求选择最合适的音色。本次配音我们选择"热门"场景中的"康哥—亲切中正青年男音"来为本段文本配音，如图 10-9 所示。同时，可以根据需要在文本框上方工具栏中调整主播语速、音量等参数，来满足文本配音需求。

需要特别说明的是，部分配音主播的音色需要充值或者成为会员才可以使用，这里选择免费音色进行配音。

图 10-8　"选择音色"界面

图 10-9　选择合适的音色

步骤 4：试听与微调。确认好音色后，单击文本框下方的"试听"按钮，试听配音效果，并可以对"插入停顿""局部变速""词组连读""多音字""发音替换"等参数进行微调，让配音效果更加生动，如图 10-10 所示。

图 10-10　试听与微调

步骤 5：添加配乐。如图 10-11 所示，单击界面左侧的"添加配乐"按钮，为文本添加配乐，并调整背景音乐的音量大小合适。

图 10-11　添加配乐

步骤 6：生成并下载音频。调整配音参数、添加配乐后，单击"生成音频"按钮，如图 10-12 所示，即可完成音频的生成。音频生成完成后，如图 10-13 所示，可以单击剪刀按钮，在弹出的界面中进行在线音频剪辑，如图 10-14 所示；也可以直接单击"下载"按钮，下载 MP3 格式的音频文件。最后，播放生成的音频文件，检查音质和内容是否符合预期。如有需要，可以根据需求调整文本或音色，重新生成。

图 10-12　生成音频

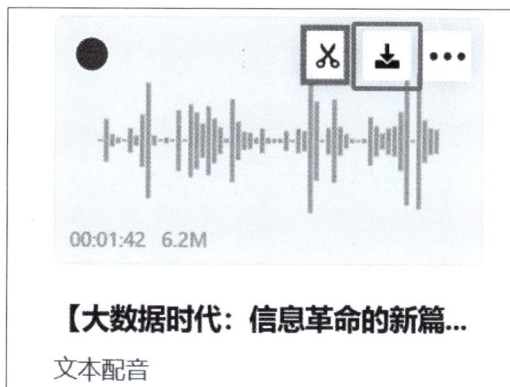

图 10-13　剪辑和下载音频

图 10-14　在线音频剪辑

10.4 实战案例 3：使用米可智能进行语音克隆

本节使用米可智能 AI 语音平台，实现语音克隆，定制专属音色，并使用定制音色将文本内容自动转换为高质量的音频输出。

步骤 1：登录米可智能。在浏览器地址栏中输入米可智能官网网址进入米可智能登录界面，如图 10-15 所示。单击"登录 / 注册"按钮后，可使用微信扫码登录或手机号登录。登录成功后，单击"免费试用"按钮，进入 AI 创作音视频功能界面。

图 10-15　米可智能登录界面

步骤 2：上传音频素材。进入 AI 创作音视频功能界面后，找到"声音克隆"功能入口，如图 10-16 所示，单击"声音克隆"，开始定制个性化音色。在图 10-17 所示界面中，选择"即时克隆"，在"音色名称"文本框中输入音色名称，然后，上传音视频或直接上传录音，确保上传内容只包含 1 个目标音色，发音清晰、流畅。针对有背景音的文件，AI 将智能去除背景音，并进行降噪处理，所以，并不需要单独去消除背景音。

图 10-16　米可智能"声音克隆"功能入口

需要特别说明的是，如果选择上传音视频的方式，上传的音视频文件大小不要超过 100MB，可以上传主流的音视频格式文件，如 MP3、WAV、M4A、MP4 等；如果选择上传录音的方式，则需要对例句进行朗读，朗读 5 ～ 10 秒，平台会对真人音色进行克隆。这里采用上传音视频的方式，请提前将音频文件保存到本地（可以通过本书在高校大数据公共课程服务平台下载音频文件"史铁生《我与地坛》-音频 .m4a"），方便直接上传。上传后，选择源文件语言"汉语"，如图 10-18 所示，然后单击"提交"按钮。

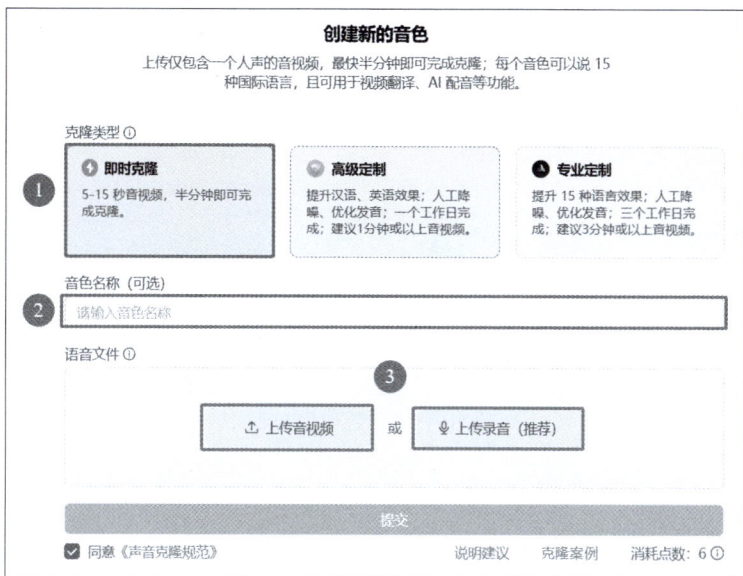

图 10-17　创建音色界面

图 10-18　上传音频文件

步骤3：完成音色克隆。提交音频素材后，任务将在云端后台自动执行，仅需半分钟左右即可完成音色克隆。音色克隆也称为语音克隆或语音合成定制，使用的是深度学习算法。它能够接收个人的语音记录，并合成一段与原说话人非常相似的语音，用户只需要提供一段清晰的录音，就可以克隆出自己的声音。定制音色可在"我的音色"中查看和管理，如图 10-19 所示。

图 10-19　音色克隆完成

步骤4：使用定制音色为文本配音。克隆成功的音色可直接应用于"视频翻译"和"AI 配音"，每个克隆的音色都支持 15 种国际主流语言。在界面左侧工具栏中单击"AI 配音"，如图 10-20 所示，进入 AI 配音界面。选择"发音人"和"发音语言"，并输入"文本内容"，为文本配音，这里选择"发音人"为"定制音色"，"发音语言"为"汉语"，并输入想要配音的文本，如图 10-21 所示。

步骤5：生成并下载音频。输入需要配音的文本后，单击"提交"按钮，即可完成音频的生成。音频生成完成后，如图 10-22 所示，可以单击下载按钮，下载 MP3 格式的音频文件，也可以单击分享按钮，分享配音音频。最后，播放生成的音频文件，检查音质和内容是否符合预期。如有需要，可以调整文本或音色，重新生成。

图 10-20　米可智能"AI 配音"功能入口

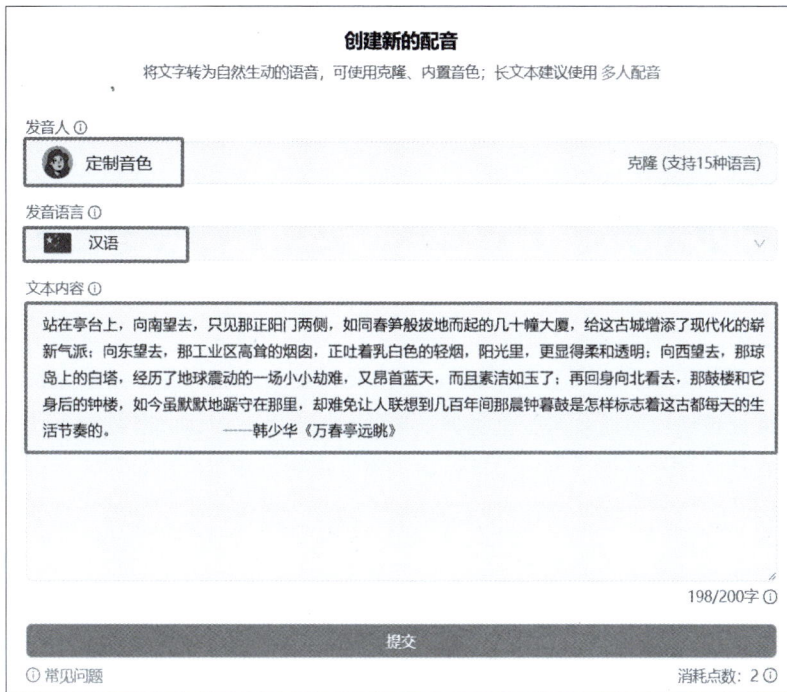

图 10-21　AI 配音界面

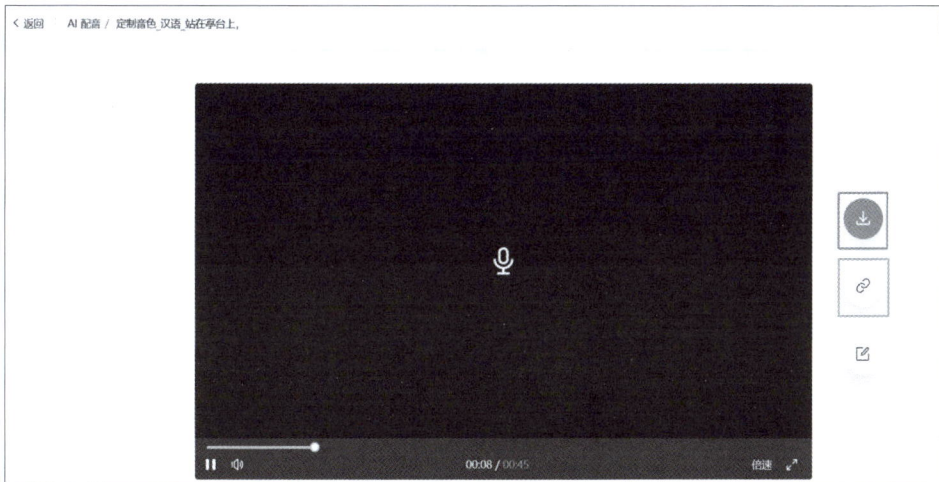

图 10-22　下载或分享配音音频

第 11 章
视频类 AIGC 应用实践

视频类 AIGC 是指利用 AI 技术，特别是深度学习、机器学习等算法，自动创建或处理视频内容的技术。它能够根据给定的文本、图像或其他数据，自动生成符合描述的视频内容，涵盖文生视频、图生视频、视频风格化、人物动态化等多个方向。这一技术在创意设计、影视制作等领域展现出巨大潜力，极大地提升了视频内容的生产效率和质量。

本章首先介绍视频类 AIGC 的应用场景，然后给出 2 个实战案例，包括使用可灵 AI 实现文生视频、使用即梦 AI 实现图生视频等。

11.1 视频类 AIGC 的应用场景

视频类 AIGC 在多个领域有广泛的应用场景，以下是一些主要的应用方向。

（1）影视制作与后期制作：视频类 AIGC 可以生成影片、动画、短视频等，为影视行业提供多样化的创意内容；在影视作品的后期制作中，AIGC 技术可以协助创作者进行视频剪辑、特效合成等工作，提升制作效率和质量。

（2）短视频与直播：基于用户输入的文本或图像，视频类 AIGC 可以快速生成符合需求的短视频内容，满足短视频平台的多样化需求；在直播过程中，视频类 AIGC 可以用于生成虚拟主播、背景、道具等，为直播增添趣味性和互动性。

（3）广告与营销：视频类 AIGC 可以根据广告需求生成创意视频，帮助广告主快速制作高质量的广告；在电商领域，视频类 AIGC 可以生成商品演示视频，以更直观的方式向消费者展示商品特点和使用效果。

（4）教育与培训：视频类 AIGC 可以生成教学视频，帮助教育机构和教师快速制作在线课程；在理工科教育中，视频类 AIGC 可以生成虚拟实验视频，让学生在虚拟环境中进行实验操作，提升教学效果。

（5）虚拟现实与增强现实：视频类 AIGC 可以生成虚拟现实和增强现实内容，为用户提供沉浸式的视觉体验。在游戏开发中，视频类 AIGC 可以生成游戏关卡、角色、道具、故事情节等，为游戏行业带来创新和多样性。

（6）新闻传播与媒体融合：视频类 AIGC 可以根据新闻事件自动生成新闻稿件，提高新闻资讯的时效性和传播效率；视频类 AIGC 可以生成虚拟主播进行新闻播报，为观众提供更加生动、形象的新闻信息。

（7）其他领域：视频类 AIGC 可以用于智能导游、虚拟现实体验等场景，提升旅游体验和游客满意度；在工业领域，视频类 AIGC 可以生成产品演示视频、操作指南等，帮助企业员工更好地理解和掌握产品知识。

11.2 有代表性的视频类 AIGC 大模型

视频类 AIGC 大模型发端于 Sora。2024 年 2 月，OpenAI 发布了全球第一款文生视频大模型 Sora（这里的"文生视频"是指由输入的文本内容生成相应的视频），迅速引起了业界的广泛关注和讨论。其能够快速生成高质量的广告宣传视频及商品演示视频，从而大幅降低广告相关内容的制作成本，缩短制作时间。

我国有代表性的视频类 AIGC 大模型列举如下。

（1）可灵 AI：由快手推出，被誉为"中国版 Sora"，视频生成时长可达120 秒，支持文生视频、图生视频、视频续写、镜头控制等功能，表现出色。

（2）Vidu：生数科技联合清华大学发布，是中国首个长时长、高一致性、高动态性视频大模型，支持一键生成 16 秒高清视频，性能对标国际顶尖水平。

（3）书生·筑梦：由上海人工智能实验室研发，可生成分钟级视频，已用于央视 AI 动画片《千秋诗颂》的制作，具备中国元素和高清画质。

（4）即梦 AI：字节跳动的产品，它是一个生成式 AI 创作平台，支持通过自然语言及图片输入生成高质量的图像及视频，提供智能画布、故事创作模式，以及首尾帧、对口型、运镜控制、速度控制等 AI 编辑能力，赋予用户创意灵感、流畅工作流、社区交互等资源，为用户创作提效。

（5）通义万相：阿里云通义系列 AI 绘画创作大模型，支持文字作画、视频生成和应用广场等功能，拥有文生图、图生图、文生视频和图生视频等能力，可以辅助用户进行图片和视频创作，大幅降低图片设计和视频创作门槛。同时，还可以应用于艺术设计、游戏和文创等场景。

（6）剪映：抖音官方推出的一款视频编辑应用，功能包括视频剪辑、文字成片、音乐合成、字幕制作、特效添加、字幕解说转换、水印去除等。剪映的文字成片功能是一种通过输入文字内容自动生成视频的功能。用户只需输入文案，剪映就会自动匹配图片、表情包，并配合朗读、字幕及配乐，生成完整的视频。这一功能特别适合刚开始视频创作的泛知识创作者，大大降低了视频制作的门槛。

由于视频类 AIGC 大模型在工作时会消耗大量的算力资源，使用成本很高，因此，目前国内的视频类 AIGC 大模型大多数没有免费开放给大众使用，即使是免费使用，也只能生成长度很短的视频。

11.3 实战案例 1：使用可灵 AI 实现文生视频

本节使用可灵 AI 工具，根据文本内容自动生成高质量的视频。

步骤 1：登录可灵 AI。在浏览器地址栏中输入可灵 AI 官网网址，进入可灵 AI 首页。如图 11-1 所示，单击右上角的"登录"按钮，可以使用"手机号＋验证码方式"登录，也可以使用快手 App 或快手极速版 App 扫码登录。登录成功后，单击"AI 视频"，如图 11-2 所示，进入"文生视频 / 图生视频"界面，这里演示"文生视频"。

图 11-1　可灵 AI 首页

图 11-2　可灵 AI"AI 视频"功能入口

步骤 2：输入创意描述。进入"文生视频 / 图生视频"界面后，单击"文生视频"，如图 11-3 所示，在提示词输入框中粘贴或输入你想要转换成视频的文本内容，字数控制在 500 字以内，要确保表意清晰、准确，符合创作需求。

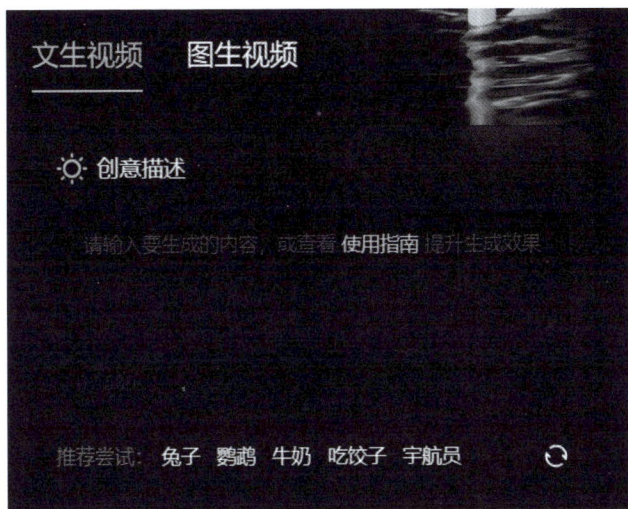

图 11-3　文生视频创意描述

提示：提示词作为文生视频大模型的主要交互语言，将直接决定生成的视频内容，因此，使用有效提示词来完成 AI 视频创作是非常重要的。为了帮助用户输入有效的提示词和激发创作灵感，可灵 AI 发布了提示词公式，如图 11-4 所示，可供读者参考。当然，读者也可以尽情发挥想象力，不被公式限制，从而创作更有趣的视频。需要注意的是，输入的文本要尽可能使用简单词语和句子结构，避免使用过于复杂的语言，画面内容也要尽可能简单，确保是在 5 ～ 10 秒内可以完成的画面表达。

图 11-4　可灵 AI 提示词公式

　　这里参考可灵 AI 的提示词公式，输入提示词"一个穿着红色连衣裙的女孩（主体）在咖啡厅看书（主体运动），书本放在桌子上，桌子上还有一杯咖啡，冒着热气，旁边是咖啡厅的窗户（场景），电影级调色（氛围）"，如图 11-5 所示。

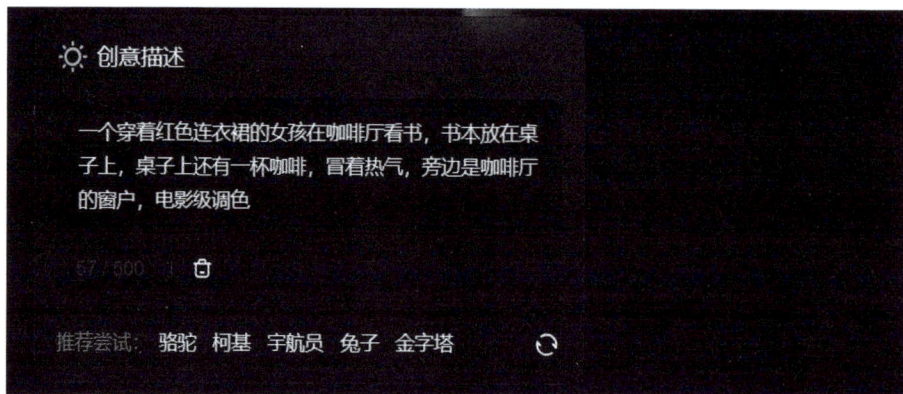

图 11-5　输入提示词

　　步骤 3：设置视频参数。在提示词输入完成后，在提示词输入框下方可以设置视频参数，如图 11-6 所示，这里设置创意想象力和创意相关性为"0.5"，生成模式为"高品质"（非会员用户限时免费体验 5 次），生成时长为"5s"，视频比例为"16：9"，生成数量为"1 条"。

　　特别说明：可灵 AI1.0 可自由选择生成模式是"标准"还是"高品质"，其中"标准"模式消耗 10 灵感值，"高品质"模式消耗 35 灵感值；可灵 1.5 只能选择"高品质"模式，消耗 35 灵感值。新用户每日登录可灵 AI 可以获得 66 灵感值，这些灵感值可以用于兑换可灵 AI 的指定功能使用权或增值服务，如生成视频等。这里采用可灵 AI1.0。

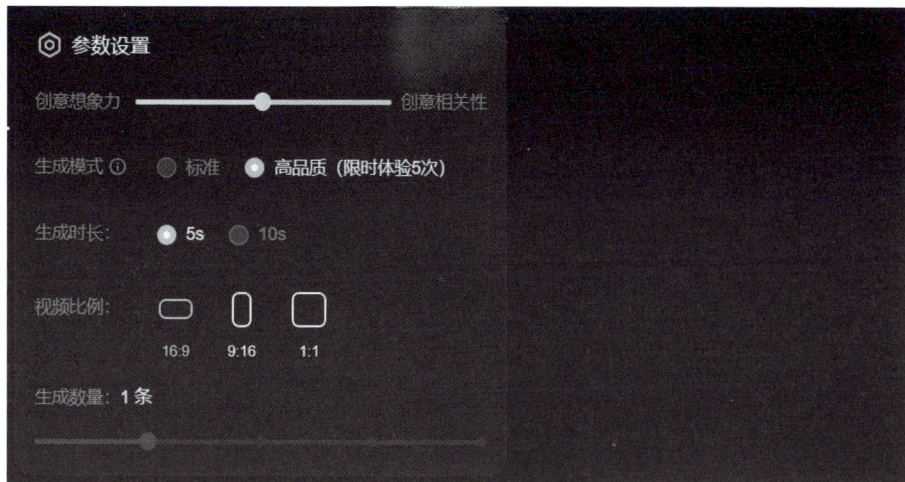

图 11-6 设置视频参数

步骤 4：增加运镜控制。视频参数设置完成后，可根据需要适当增加运镜控制，目前可灵 AI1.0 支持"水平运镜""垂直运镜""拉远 / 推进""垂直摇镜""水平摇镜""旋转运镜"等 6 种运镜控制，如图 11-7 所示。可灵 1.5 暂不支持运镜控制。这里采用可灵 AI1.0，因此，可以设置运镜方式为"拉远 / 推进"，生成具有明显运镜效果的视频画面。

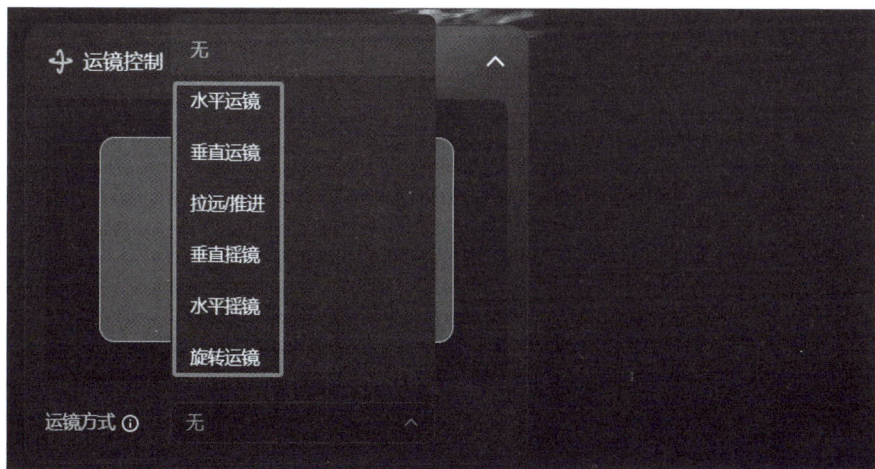

图 11-7 增加运镜控制

步骤 5：过滤不希望呈现的内容。此处为非必填项，可以根据个人对视频的需求输入不希望呈现的内容，不超过 200 字。这里设置不希望呈现的内容为"模糊、低质量、扭曲"，如图 11-8 所示。

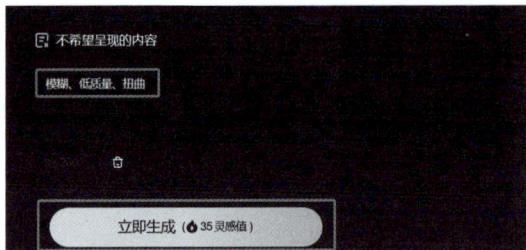

图 11-8 过滤不希望呈现的内容并生成视频

步骤 6：生成并下载视频。设置完视频参数、运镜控制和过滤不希望呈现的内容后，单击"立即生成"按钮，如图 11-8 所示，此视频由于选择"高品质"生成模式，因此生成会消耗 35 灵感值。可灵 AI 开始利用大模型将文本自动转换为视频，处理时间取决于文本长度和系统负载，请耐心等待。一旦视频生成完成，单击下载按钮，即可免费下载带水印的视频，如图 11-9 所示。如果需要不带水印的视频，则可开通会员获取。最后，播放生成的视频文件，检查视频画面是否符合预期。如有需要，可以调整文本或视频参数，重新生成。

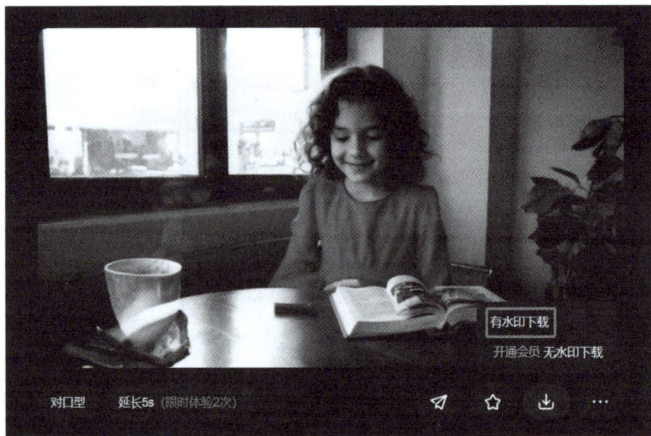

图 11-9 下载视频

11.4 实战案例 2：使用即梦 AI 实现图生视频

本节使用即梦 AI，根据输入的文本内容自动生成高质量的图片，然后利用该图片，使用即梦 AI 的"AI 视频"功能，自动生成高质量的视频。

步骤 1：登录即梦 AI。在浏览器地址栏中输入即梦 AI 官网网址，进入即梦 AI 首页，登录成功后，单击"AI 作图"栏里的"图片生成"按钮，如图 11-10 所示，进入"AI 作图"功能界面。

图 11-10　即梦 AI"AI 作图"栏

步骤 2：输入图片描述，设置图片参数。"图片生成"创作界面中有一个提示词输入框，如图 11-11 所示，在此处可以输入想要生成的图片的文本描述，字数控制在 800 字以内，要确保表意清晰、准确，符合创作需求，也可以根据需要在文本描述后"导入参考图"，让 AI 生成的图片更符合预期。例如，输入提示词"一只可爱的小狗坐在公交车座位上"，如图 11-12 所示。然后，在提示词输入框下方设置图片生成的"模型"和"比例"，如图 11-13 所示，这里选择生图模型为"图片2.0 Pro"（目前即梦 AI 有 5 种模型可供选择），选择图片比例为"16 ：9"。设置完图片参数后，单击"立即生成"按钮，生成图片。

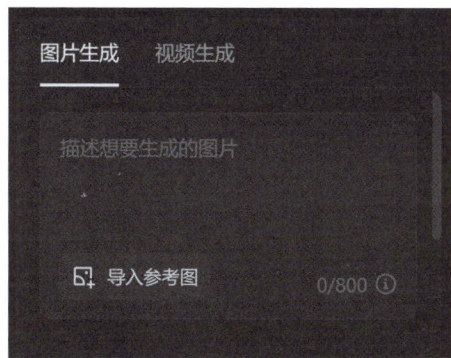

图 11-11　AI 作图提示词输入框

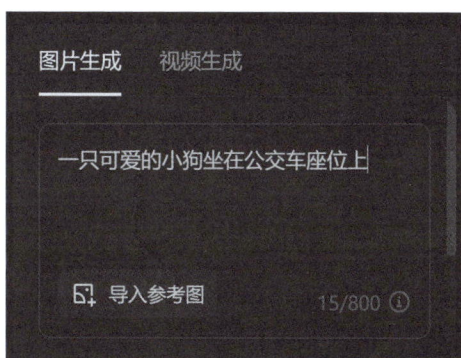

图 11-12　AI 作图提示词

特别说明：即梦 AI 会向每个新登录的用户赠送 100 积分，这些积分可以用于兑换即梦 AI 的指定功能使用权或增值服务，如图片生成和视频生成等。

步骤 3：生成图片。单击"立即生成"按钮，即梦 AI 会自动生成 4 张不同风格的图片，如图 11-14 所示。选中喜欢的图片，可以发布、下载或收藏，也可以进行超清、细节修复和生成视频等设置，如图 11-15 所示。如果对生成的图片不满意，还可以单击图片下方的笔形按钮，调整提示词和图片参数，重新生成图片。

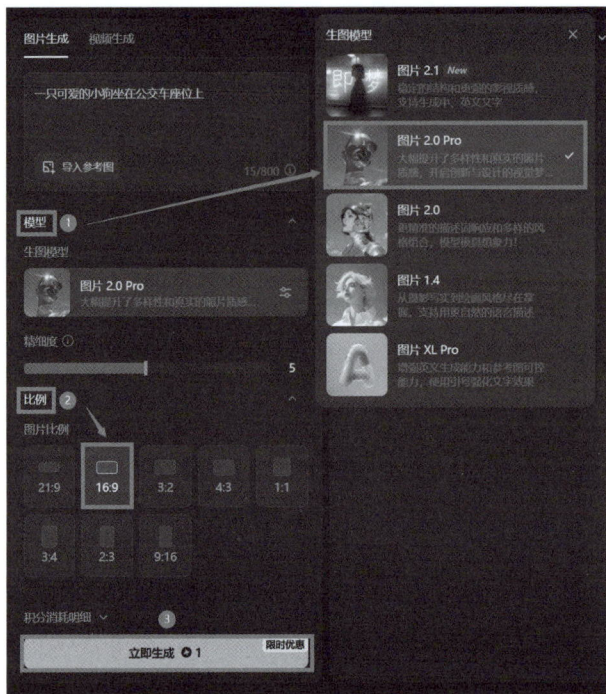

图 11-13　设置图片参数

图 11-14　生成图片

图 11-15　图片功能项

步骤4：使用图片生成视频。图片生成后，选择喜欢的一张图片，这里以第一张图片为例，如图11-16所示，在图片的功能项中单击生成视频按钮，打开"视频生成"功能界面，如图11-17所示，即梦AI已自动添加第一张图片作为生成视频的素材。

图11-16　单击生成视频按钮

图11-17　"视频生成"功能界面

步骤5：添加图片描述。在已添加的图片下方可以输入图片描述，描述希望生成的画面和动作，如"小狗在行驶的公交车上看着窗外，吐着舌头"，如图11-18所示。

图11-18　添加图片描述

步骤6：设置视频参数。添加图片描述后，可在文字下方设置"视频模型"和"基础设置"，如图 11-19 所示。首先选择视频模型为"视频 S2.0 Pro"，目前即梦 AI 支持4种视频模型；然后选择基础设置里的生成时长为"5s"，视频比例根据图片的比例自动匹配，无须设置；最后单击"生成视频"按钮，提交设置，生成视频。

图 11-19　设置视频参数

步骤7：生成视频并为视频添加配乐。单击"生成视频"按钮后，即梦 AI 开始根据图片自动生成视频。视频生成完成后，单击视频下方的 AI 配乐按钮，如图 11-20 所示。在界面左侧可以选择"根据画面配乐"，也可以选择"自定义 AI 配乐"，这里选择"根据画面配乐"，如图 11-21 所示。单击"生成 AI 配乐"按钮，即梦 AI 自动根据画面为视频生成3段配乐，如图 11-22 所示，这里选择"配乐2"。

图 11-20　AI 配乐按钮

图 11-21　AI 配乐

图 11-22　生成 3 段配乐

　　特别说明：在生成视频过程中，点击"生成视频"会消耗 20 积分。在 AI 配乐过程中，点击"生成 AI 配乐"会消耗 5 积分。

步骤 8：下载或发布视频。如图 11-23 所示，确认配乐后，即可单击下载按钮，免费下载带水印的视频，如果需要不带水印的视频，可开通会员获取；也可以单击"发布"按钮发布视频。最后，播放生成的视频文件，检查视频画面是否符合预期。如有需要，可以调整图片参数或视频参数，重新生成。

图 11-23　下载或发布视频

第 12 章
AI 搜索

在信息如潮涌的时代，快速精准地获取所需知识成为每个人的必修课。传统搜索方式有时难以满足复杂需求，AI 搜索应运而生。它凭借强大的智能算法，打破信息壁垒，为求知者提供更高效、更个性化的答案。

本章首先介绍 AI 搜索概述，然后介绍纳米 AI 搜索。

12.1 AI 搜索概述

AI 搜索，即人工智能搜索引擎，是一种利用先进的人工智能技术，特别是深度学习和自然语言处理，来理解和响应用户的查询需求的新型搜索工具。它不是传统搜索引擎（如百度）的简单升级，而是通过模拟人类的思维方式和行为模式，为用户提供更加精准、个性化且高效的信息检索服务。AI 搜索通过收集和分析用户的历史搜索数据和行为模式，构建用户画像，从而实现更加精准的个性化搜索服务。这种数据驱动的智能决策机制，使得 AI 搜索能够不断自我优化，提升用户体验。

AI 搜索的核心特点如下。

（1）语义理解和深度学习：AI 搜索能够深入理解用户的查询意图，而不仅仅是匹配关键词。

（2）多模态交互：除了文字输入，AI 搜索还支持语音、图像等多种形式的交互，使搜索更加直观和便捷。

（3）自适应学习：AI 搜索能够根据用户的反馈和历史搜索数据不断优化搜索结果，提升用户体验。

AI 搜索的主要应用场景如下。

（1）专业领域的应用：在医疗领域，AI 搜索可以帮助医生快速获取最新的研究成果，辅助诊断，提高医疗效率；在法律领域，律师可以利用 AI 搜索查找相关法律条款和案例，生成法律分析报告；在金融领域，投资者可以通过 AI 搜索获取市场动态和专家分析，支持投资决策；在教育领域，AI 搜索可以帮助教师快速查找教学资源和学生评价。

（2）日常生活的应用：AI 搜索广泛应用于日常生活中的各种场景，如旅行规划、购物建议、信息查询等。例如，用户可以输入"如何规划一场婚礼"，AI 搜索会根据用户的偏好和需求，生成一份详细的婚礼计划。

随着技术的不断进步和应用场景的不断拓展，AI 搜索将在更多行业中实现深度应用。未来的 AI 搜索将更加注重用户体验的提升，通过更加自然和人性化的交互方式，如语音对话和智能推荐，为用户提供更加便捷和愉悦的信息检索体验。

总之，AI 搜索作为一种新兴的信息检索工具，正在以其独特的优势和广泛的应用场景，改变我们的工作和生活方式。随着技术的不断发展和应用的不断深入，AI 搜索将在未来发挥更加重要的作用。

12.2 纳米 AI 搜索

纳米 AI 搜索是 360 公司在 2024 年 12 月推出的全新 AI 搜索应用，结合了自然语言处理、机器学习和专家协同技术，致力于打破传统搜索引擎的局限，提供智能化、多样化的搜索体验。其核心特点如下。

（1）多模态搜索：支持文字、语音、拍照、视频等多种输入方式，满足不同场景下的需求，实现"一切皆可搜索"。

（2）智能工具集成：内置 16 款大模型，如豆包、文心一言等，为用户提供一站式 AI 体验。

（3）慢思考模式：通过专家协同和多模型协作，深入分析复杂问题，提供更专业、更全面的答案。

纳米 AI 搜索集成了多种功能模块，为用户提供全方位的搜索、学习、写作和创作体验。

（1）搜、读、写、创一体化：用户可以通过输入文字、语音、视频或拍照等方式进行搜索，并利用内置工具完成写作、翻译、分析等任务。

（2）智能推荐与个性化设置：根据用户的历史行为和偏好推荐相关内容，并支持自定义排序和搜索结果偏好。

（3）多场景应用：适用于日常查询、学术研究、旅游规划、数据分析等多种场景。

纳米 AI 搜索在多个领域都能发挥重要作用，下面介绍一些常见应用场景及具体使用方法。

1. 日常问题解答

无论是科普知识、生活常识，还是遇到的各种难题，都可以通过纳米 AI 搜索获取精准答案。例如，你想了解"地球的直径是多少"，输入问题后，纳米 AI 搜索会给出准确的数值及相关解释，还可能配有图片、视频等辅助资料，帮助你更好地理解。

2. 识物与识人

利用拍照或视频搜索功能，用户可以对不认识的人物、物体、动物等进行识别。拍摄或上传相关内容后，纳米 AI 搜索会迅速给出识别结果，并提供关于该对象的详细信息，如人物的身份背景、物体的用途特点、动物的生活习性等。

3. 旅游与出行规划

（1）旅游建议：若你计划去某个地方旅游，在搜索框中输入"[目的地名称] 旅游攻略"，纳米 AI 搜索就会根据你的需求，综合分析各种信息，为你提供全面的旅游建议，包括当地的特色景点、美食推荐、住宿选择等。

（2）路线规划：输入"从 [出发地] 到 [目的地] 的最佳路线"，纳米 AI 搜索会结合交通情况、出行方式（如自驾、公交、飞机等）为你规划详细的路线，还可能提供出行时间预估、交通费用参考等信息。

（3）景点推荐：如果你想探索新的景点，可以搜索"附近的景点"或"[特定条件] 的景点"，纳米 AI 搜索会根据你的位置或设定条件，为你推荐合适的景点，并提供景点介绍、开放时间、门票价格等信息。

4. 写作与内容创作

（1）获取写作灵感：在进行写作时，若思路受阻，可在搜索框中输入与写作主题相关的关键词，如"励志故事素材""描写春天的段落"等，纳米 AI 搜索会为你提供丰富的素材和创意灵感，帮助你打开写作思路。

（2）结构化内容建议：在你输入完整的写作主题或题目后，纳米 AI 搜索就会结合大模型和智能工具，为你提供结构化的内容建议，如文章大纲、故事框架等，让你的写作更加有条理。

5. 翻译与跨语言交流

（1）翻译功能：如果你需要翻译文本，在搜索框中输入要翻译的内容，然后指定目标语言，如"将'你好，世界'翻译成英语"，纳米 AI 搜索就会快速给出准确的翻译结果。此外，它还支持整段文本、整篇文档的翻译，方便你处理各种语言任务。

（2）跨语言交流辅助：在与外国友人交流或阅读外文资料时，遇到不懂的词汇或句子，可以使用纳米 AI 搜索的翻译功能随时获取准确的解释和翻译，帮助你更好地理解和沟通。

第 13 章
AI 办公

AI 办公是一种利用 AI 技术优化和自动化日常办公任务的先进工作方式。通过集成自然语言处理、机器学习等 AI 技术，AI 办公系统能够高效处理文档、安排日程、管理通信、提供数据分析等，从而大幅提高工作效率和决策质量。它不仅能够减轻用户的重复性工作负担，还能通过智能分析和预测功能，优化资源配置，最终实现生产力的显著提升。

AI 的应用，使得办公变得更加高效、智能化，工作流程更加流畅，办公人员更加专注于创新与决策，整体提升工作效率和质量。本章将以金山公司的办公软件 WPS Office 提供的 WPS AI 功能为例（见图 13-1），介绍 AI 办公的一些典型应用。读者需要预先下载、安装最新版本的 WPS Office 软件。

图 13-1　WPS AI 功能

本章通过具体实例来演示 WPS AI 的使用方法，包括利用 AI 生成与优化文档、利用主题词模板生成 AI 文档、AI 在文档排版上的应用实践、AI 在电子表格中的应用实践。

13.1　利用 AI 生成与优化文档

1. 任务描述

在 WPS Office 中利用 AI 生成满足特定要求的、主题为"团建"的文档，然后进一步改变文档风格，并对文档进行局部优化，掌握利用 AI 生成与优化文档的技术。

2. 操作步骤

步骤 1：新建空白文档。在 WPS Office 主界面左上角单击 WPS 标志，随后在弹出的界面中选择"新建"选项。进入"新建"界面，单击"文字"按钮。在随后出现的"新建文档"界面中，单击 "空白文档"，WPS Office 将打开一个空白的文字文档。

步骤 2：生成文档。连按两次 Ctrl 键，唤醒 WPS AI 功能，WPS Office 将打开图 13-2 所示的文字 AI 菜单，它包含上方的一个提示词输入框和下方的若干菜单项。在提示词输入框中输入"帮我写一份大学生班级团建计划，活动时间为 2025 年 10 月 1 日 9:00—17:00，主题为'风华正茂'，参加活动人数为 30 人，活动安排需劳逸结合。"，如图 13-3 所示，然后按回车键。AI 将按要求生成该主题的一份团建计划，包括活动名称、活动时间、活动地点、参与人数、活动目的、活动流程、注意事项、物资准备、预算等内容，部分内容如图 13-4 所示。

图 13-2　文字 AI 菜单

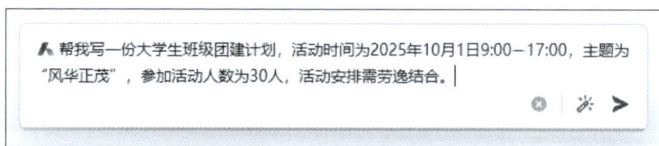

图 13-3　输入提示词

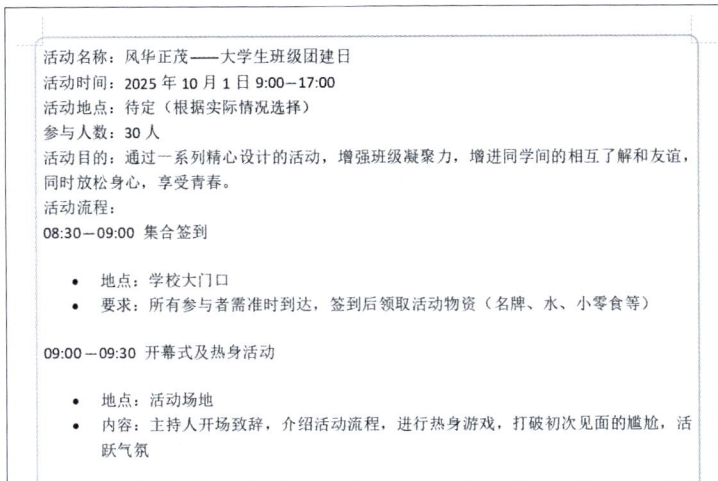

活动名称：风华正茂——大学生班级团建日
活动时间：2025 年 10 月 1 日 9:00—17:00
活动地点：待定（根据实际情况选择）
参与人数：30 人
活动目的：通过一系列精心设计的活动，增强班级凝聚力，增进同学间的相互了解和友谊，同时放松身心，享受青春。
活动流程：
08:30—09:00 集合签到

- 地点：学校大门口
- 要求：所有参与者需准时到达，签到后领取活动物资（名牌、水、小零食等）

09:00—09:30 开幕式及热身活动

- 地点：活动场地
- 内容：主持人开场致辞，介绍活动流程，进行热身游戏，打破初次见面的尴尬，活跃气氛

图 13-4　AI 生成的团建计划部分内容

步骤 3：改变文档风格。在生成的文档底部有调整与确认功能区，如图 13-5 所示。单击"调整"下拉按钮，在下拉列表中选择"润色"→"更活泼"选项，AI 将调整文档，更改为更活泼的文风。生成新的文档以后，可以单击"保留"按钮，保留新生成的文档。

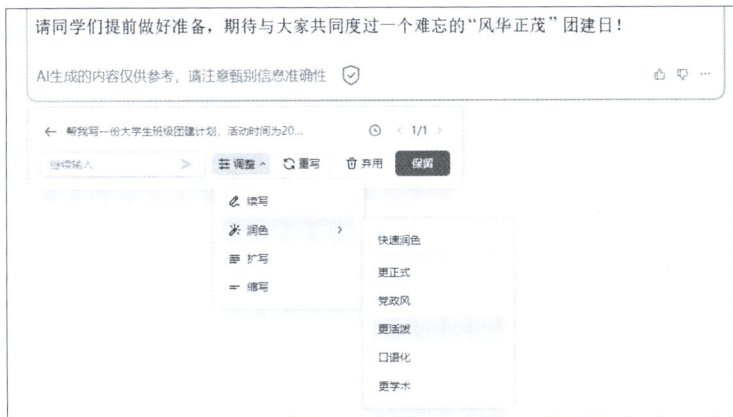

图 13-5　调整与确认功能区

13.2　利用主题词模板生成 AI 文档

1. 任务描述

在 WPS Office 中，利用主题词模板生成 AI 文档。

2. 操作步骤

步骤 1：新建"快速起草"文档。在 WPS Office 主界面左上角单击 WPS 标志，随后在弹出的界面中选择"新建"选项。进入"新建"界面，单击"文字"按钮。在随后出现的"新建文档"界面中，单击 "快速起草"，如图 13-6 所示，WPS Office 将打开一个空白的文字文档并直接激活文字 AI 菜单。

图 13-6　"新建文档"界面

步骤 2：提示词设置与文档生成。单击 "去灵感市集探索"，打开"灵感市集"界面，在上方的搜索框中输入"晋升总结"后按回车键，在搜索结果中单击"晋升总结"按钮，如图 13-7 所示，并进一步单击 "结果"，将打开与该主题相关的提示词模板。用户可对该模板中的提示词进行修改，如图 13-8 所示，然后按回车键。AI 生成的晋升总结报告部分内容如图 13-9 所示。

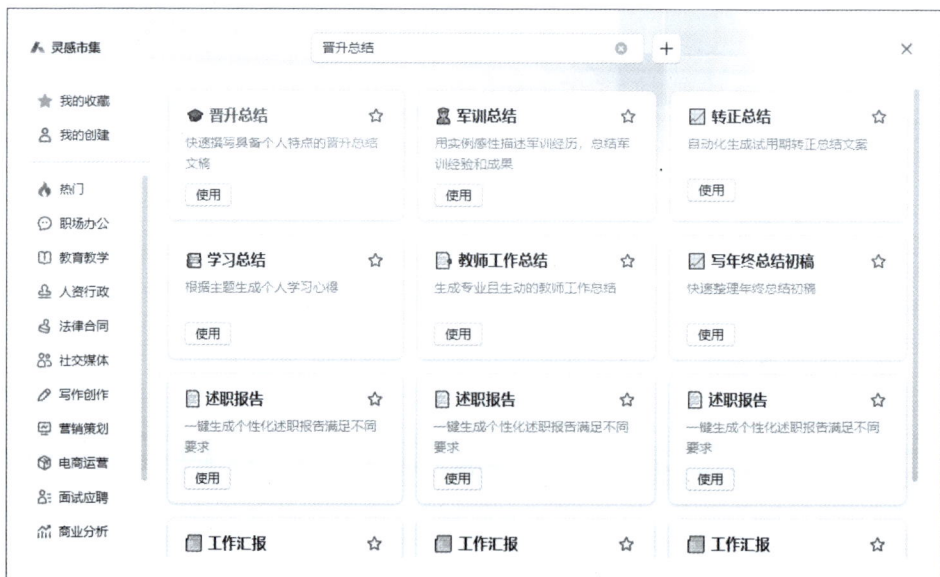

图 13-7　在灵感市集中搜索"晋升总结"

图 13-8　提示词模板与修改

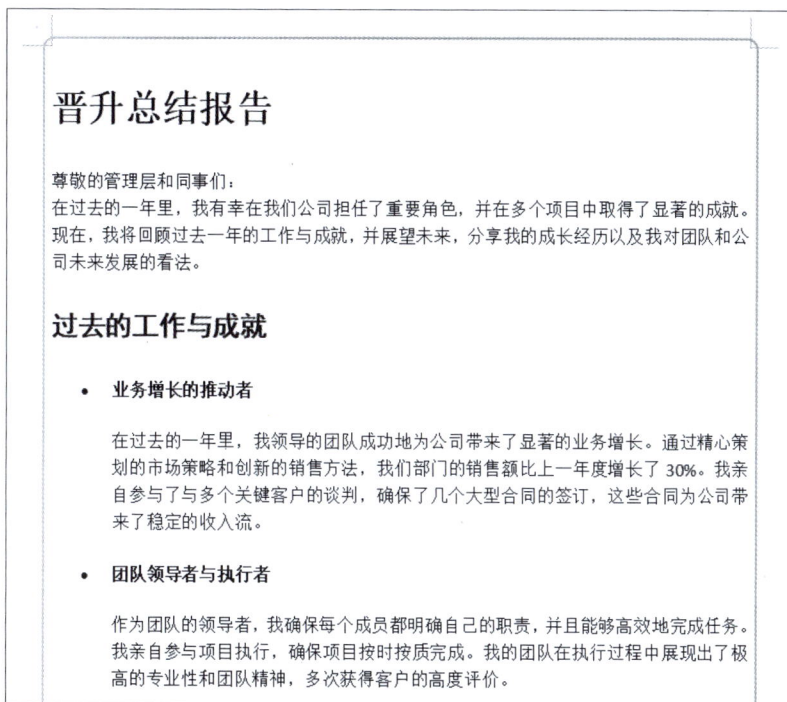

图 13-9　AI 生成的晋升总结报告部分内容

13.3　AI 在文档排版上的应用实践

1. 任务描述

在 WPS Office 中，利用 AI 的排版功能，一键把一篇论文草稿文档改为符合某高校学位论文规范的文档。

2. 操作步骤

步骤 1：下载并打开示例文档，查看文档格式。通过本书在全国高校大数据公共课程服务平台的访问网址下载"某本科学位论文草稿示例.doc"文件（详见前言），在 WPS Office 中打开该文档，查看论文草稿；可以看出它包含了题目、目录、摘要、各章节的简要介绍、参考文献等 5 部分。图 13-10 所示为论文草稿部分内容。

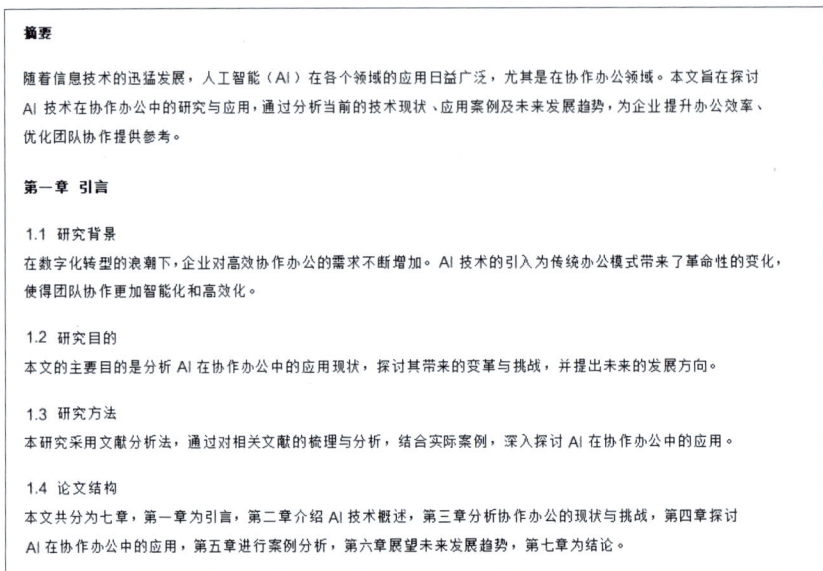

摘要

随着信息技术的迅猛发展，人工智能（AI）在各个领域的应用日益广泛，尤其是在协作办公领域。本文旨在探讨 AI 技术在协作办公中的研究与应用，通过分析当前的技术现状、应用案例及未来发展趋势，为企业提升办公效率、优化团队协作提供参考。

第一章 引言

1.1 研究背景
在数字化转型的浪潮下，企业对高效协作办公的需求不断增加。AI 技术的引入为传统办公模式带来了革命性的变化，使得团队协作更加智能化和高效化。

1.2 研究目的
本文的主要目的是分析 AI 在协作办公中的应用现状，探讨其带来的变革与挑战，并提出未来的发展方向。

1.3 研究方法
本研究采用文献分析法，通过对相关文献的梳理与分析，结合实际案例，深入探讨 AI 在协作办公中的应用。

1.4 论文结构
本文共分为七章，第一章为引言，第二章介绍 AI 技术概述，第三章分析协作办公的现状与挑战，第四章探讨 AI 在协作办公中的应用，第五章进行案例分析，第六章展望未来发展趋势，第七章为结论。

图 13-10　论文草稿部分内容

步骤 2：单击菜单栏上的"WPS AI"，如图 13-11 所示，单击"AI 排版"下拉按钮，在下拉列表中选择"论文排版"，这时，主界面右侧会出现"学位论文"面板，用户可以在搜索框中输入学校名称（如"厦门大学"），搜索指定学校的论文排版格式。

图 13-11　WPS AI 菜单项

步骤 3：在搜索栏中输入"厦门大学"并按回车键，出现多个搜索结果，如图 13-12 所示。将鼠标指针移至"本科 全院系"图标上，单击"开始排版"按钮。界面提示"文档排版中…"，大约一分钟后，AI 将完成排版工作并弹出图 13-13 所示的菜单。用户可以通过选中 "显示原文"复选框，对比排版前后的文档差异，然后单击"应用到当前"按钮以确认并启用 AI 排版结果。经过调整的论文将基本满足厦门大学学位论文的规范要求，部分内容如图 13-14 所示。

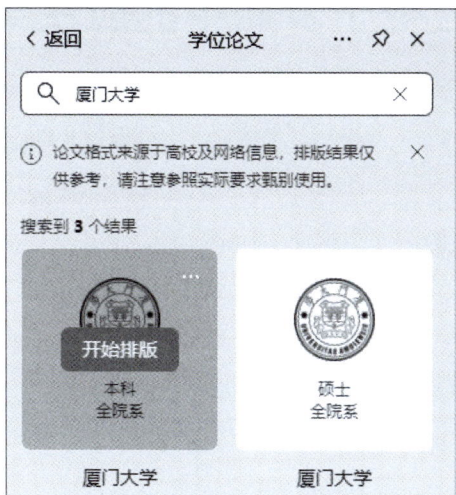

图 13-12　在"学位论文"中搜索学校

图 13-13　排版确认菜单

图 13-14　AI 排版后的学位论文部分内容

13.4 AI 在电子表格中的应用实践

1. 任务描述

通过 WPS Office 中表格 AI 的相关功能，完成表格公式自动填写、自动设置指定单元格底纹、自动设置条件格式以及自动分析比较表格数据等实践，以更好地掌握 AI 在电子表格中的应用。

2. 操作步骤

步骤 1：打开指定表格文件。通过本书在全国高校大数据公共课程服务平台的访问网址下载"电视销售表 .xlsx"文件（网址详见前言），在 WPS Office 中打开该文件。该表格展示了某公司某月在 5 家门店销售的若干种电视机的销售数据，包含产品名称、售价、数量、营业额、销售门店等信息。

步骤 2：通过 AI 写公式。在内容为"门店 1 的销售总额"的单元格的右边单元格中输入"="，则该单元格右侧出现"AI 写公式"悬浮图标，如图 13-15 所示。单击该图标，弹出对话界面，在提示词输入框中输入"门店 1 的营业额汇总"并按回车键，如图 13-16 所示，AI 生成的公式如图 13-17 所示。单击"*fx* 对公式的解释"，将显示公式意义、函数解释和参数解释，以便用户判断公式的正确性。单击"完成"按钮确认公式，公式及其计算结果被填入该单元格。

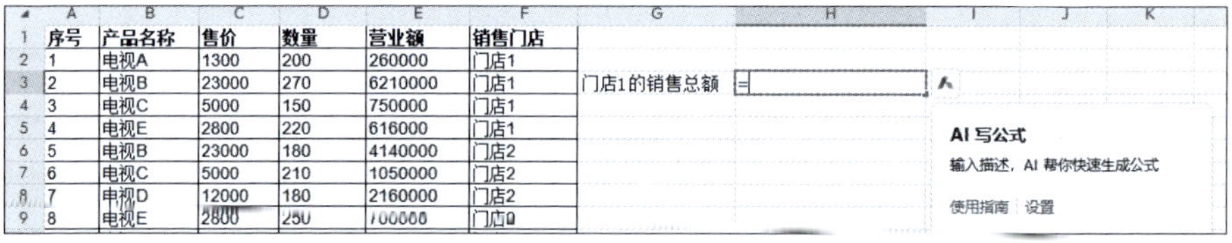

图 13-15　电子表格示例数据与 AI 公式提示词输入

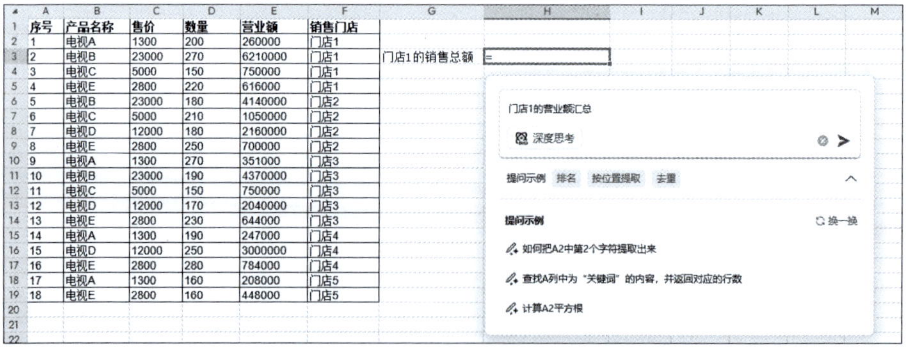

图 13-16　输入提示词

图 13-17　AI 生成的公式与解释

步骤 3：通过 AI 条件格式设置单元格格式。单击菜单栏上的"WPS AI"，然后单击"AI 条件格式"，在弹出的对话界面中输入提示词"把营业额最大的单元格的字体设为斜体"，然后按回车键，结果如图 13-18 所示。AI 根据提示词确定区域、规则和格式，并在营业额所在列中找到最大值所在单元格，将单元格格式设为斜体。单击"完成"按钮即可确认 AI 生成的结果。

图 13-18　AI 条件格式

步骤 4：利用 AI 数据问答分析表格数据。单击菜单栏上的"WPS AI"，然后单击"AI 数据分析"，在弹出的对话界面中输入提示词"帮我找出营业总额最低的门店，把它与营业总额最高的门店做比较，分析其营业总额低的可能原因"。AI 经过预处理与计算后，得出图 13-19 所示的分析结果，给出了营业总额低的 4 种可能原因。

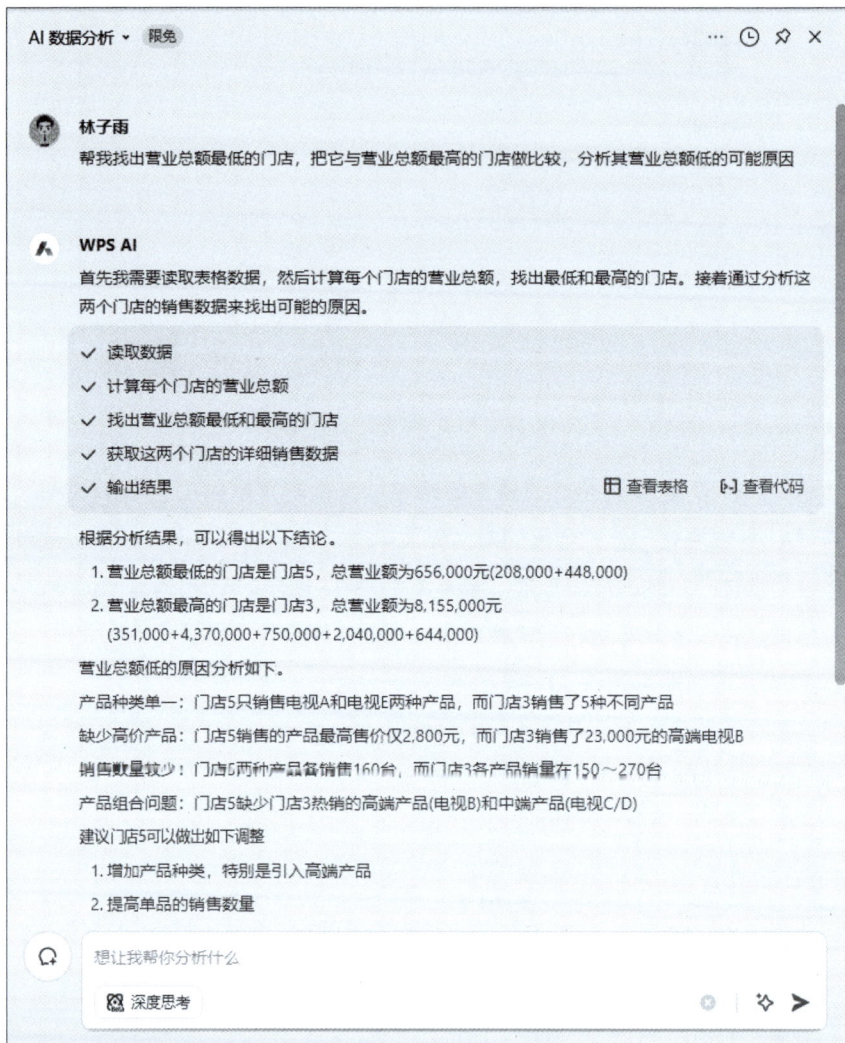

图 13-19　AI 分析结果